普通高等教育人工智能专业系列教材

Python 程序设计

李国燕　王新强　刘佳　张思扬　何振林　编著

中国水利水电出版社
www.waterpub.com.cn
·北京·

内 容 提 要

本书的每个项目都通过项目概述、教学目标、任务要求、知识提炼、任务实施、知识梳理与总结、任务总体评价和自主探究 8 个模块进行相应知识的讲解。本书从 Python 概念开始，深入浅出地讲解 Python 基础知识、Python 函数及面向对象编程等，内容系统全面，可帮助读者快速编写 Python 程序。本书主要内容包括 Python 环境搭建、Python 基础、Python 控制程序执行流程、Python 数据结构、Python 函数、Python 面向对象、Python 文件操作及异常处理、Python 常用模块，并通过实际操作案例，详细直观地介绍了 Python 的开发过程。

本书既可作为高等院校本专科计算机专业的教学用书，也可作为相关技术人员的参考用书。

图书在版编目（CIP）数据

Python程序设计 / 李国燕等编著. -- 北京 : 中国水利水电出版社, 2022.2
普通高等教育人工智能专业系列教材
ISBN 978-7-5226-0256-1

Ⅰ. ①P… Ⅱ. ①李… Ⅲ. ①软件工具－程序设计－高等学校－教材 Ⅳ. ①TP311.561

中国版本图书馆CIP数据核字(2021)第237093号

策划编辑：石永峰　责任编辑：周春元　加工编辑：孙　丹　封面设计：梁　燕

书　　名	普通高等教育人工智能专业系列教材 Python 程序设计 Python CHENGXU SHEJI
作　　者	李国燕　王新强　刘佳　张思扬　何振林　编著
出版发行	中国水利水电出版社 （北京市海淀区玉渊潭南路 1 号 D 座 100038） 网址：www.waterpub.com.cn E-mail：mchannel@263.net（万水） sales@waterpub.com.cn 电话：（010）68367658（营销中心）、82562819（万水）
经　　售	全国各地新华书店和相关出版物销售网点
排　　版	北京万水电子信息有限公司
印　　刷	三河市航远印刷有限公司
规　　格	210mm×285mm　16 开本　11.5 印张　294 千字
版　　次	2022 年 2 月第 1 版　2022 年 2 月第 1 次印刷
印　　数	0001—3000 册
定　　价	39.00 元

前　言

在过去的几十年，编程语言有了长足的发展，至今已经有四代语言问世。为了满足不同领域的编程要求和实现软件功能，编程语言经历了被修改、被取代、被发展等过程，最终发展成现在多样化的语言，如C、C++、C#、Java、Python、JavaScript、Go、R等。

Python是一种灵活、可靠且具有表现力的编程语言，最初用于编写自动化脚本（Shell），但随着不断更新和发展，添加的功能逐渐增加，也被应用于大型项目的开发。并且，它将编译语言的强大与脚本语言的简洁性、快速开发特性整合起来，在系统运行维护、Web应用开发、云计算、大数据、人工智能、网络爬虫等技术领域有着广泛应用。

本书为Python的使用提供技术指导，可帮助开发人员快速实现Python程序开发。

本书特点

本书主要内容包括Python环境搭建、Python基础、Python控制程序执行流程、Python数据结构、Python函数、Python面向对象、Python文件操作及异常处理、Python常用模块。本书知识点的讲解由浅入深，使每位读者都能有所收获，同时保持了整本书的知识深度。

本书结构条理清晰、内容详细，每个项目都通过项目概述、教学目标、任务要求、知识提炼、任务实施、知识梳理与总结、任务总体评价和自主探究8个模块讲解相应知识。其中，项目概述介绍本项目学习的主要内容，教学目标对本项目内容的学习提出要求，任务要求概述当前任务的实现，知识提炼讲解当前项目所需知识，任务实施讲解本项目中的案例，知识梳理与总结对使用的技术和注意事项进行了总结，任务总体评价对学习情况进行评估，自主探究对当前知识进行补充，以保证学生全面掌握所讲内容。

本书内容

项目1从Python概念开始，分别讲述了Python的安装、Python的第三方库及Python的开发工具。

项目2详细介绍了Python基础，包含Python基础语法、数据类型、变量、运算符及数据类型转换。

项目3详细介绍了Python控制程序执行流程，包括分支语句、循环语句。

项目4详细介绍了Python数据结构，包括字符串、列表、元组、字典、集合。

项目5详细介绍了Python函数，包括函数定义、函数调用、变量作用域、函数返回值及Python内置函数。

项目6详细介绍了Python面向对象，包括面向对象概念、类和对象、属性、方法、类的继承、方法重写。

项目7详细介绍了Python文件操作及异常处理，包括文件操作、目录操作、异常、异常处理。

项目8详细介绍了Python常用模块，包括HTTP概述、Urllib库、正则表达式、re模块、PyMySQL模块。

建议学时

项目	动手操作建议学时	理论建议学时
项目 1　Python 环境搭建	4	2
项目 2　Python 基础	2	4
项目 3　Python 控制程序执行流程	4	2
项目 4　Python 数据结构	2	4
项目 5　Python 函数	4	2
项目 6　Python 面向对象	2	4
项目 7　Python 文件操作及异常处理	4	2
项目 8　Python 常用模块	2	4

由于编者水平有限，书中难免出现错漏之处，敬请读者批评指正。

编　者

2022 年 1 月

目　录

项目 1　Python 环境搭建

项目概述

自从 1946 年世界上第一台电子计算机问世，人类与机器的交流方式和语言就成了软件工程师和计算机从业者的主要研究方向，更有效、更简便的编程语言成了软件工程师的新宠。随着计算机的飞速发展，计算机的硬件升级速度越来越快，对编程语言的要求也日益严格。在过去的几十年，编程语言有了长足发展，至今已经有四代语言问世。大量编程语言为了满足不同领域的编程要求和实现软件功能，经历了被修改、被取代、被发展等过程，最终发展成了现在多样化的编程语言，如 C、C++、C#、Java、Python、JavaScript、Go、R 等语言。目前，Python 是最受欢迎的语言，由于其模块化、易学习、面向对象等特性，很多学习计算机编程的学生把 Python 作为他们学习的第一门语言。本项目将通过对 Python 相关内容的讲解，实现 Python 开发环境的搭建。

教学目标

知识目标

- 了解 Python 的相关概念。
- 熟悉 Python 的安装。
- 掌握 Python 开发工具的使用方法。

技能目标

- 熟悉 Python 在不同平台的安装过程。
- 掌握 Python 第三方库的安装方式。
- 掌握 IDLE 快捷键的使用方法。
- 掌握 PyCharm 工具的使用方法。

任务 1　在 Linux 中安装 Python

任务要求

Python 是一种跨平台的开发语言，能够在不同平台之间运行程序的语言，本任务将实现 Python 在 Linux 上的安装。安装 Python 的思路如下：

（1）查看本地是否存在 Python。

（2）下载 Python 源码包并解压。

（3）编译、安装 Python。

（4）建立 Python 的软连接。

（5）安装验证。

知识提炼

1. Python 概述

Python 简介

（1）Python 简介。Python 是荷兰国家数学与计算机科学研究中心的 Guido van Rossum 在 1989 年年初基于 C 语言设计的一门作为 ABC 语言替代品的程序设计语言，设计思想为“简单即美！对于一个特定的问题，只要有一种最好的方法来解决就好了”。简单来说，就是注重如何解决问题而不是语言的语法和结构。Python 图标如图 1-1 所示。

图 1-1　Python 图标

Python 还是一门跨平台、开源、面向对象的解释型计算机程序设计语言，最初用于编写自动化脚本（Shell），但随着不断更新和发展，添加的功能逐渐增加，也应用于大型项目的开发。

课程思政：合作共赢

所谓开放源代码，是指开源软件以免费形式提供给各类用户使用，任何人都可以得到软件的源代码，加以修改学习，甚至重新开发。听起来似乎是新时代的活雷锋，会不会饿死开发者呢？其实开源最伟大的意义在于全世界的工程师抛弃文化等差异，协作完成共同的项目。在这种协作中，既避免了全球层面的重复造轮子导致的大量资源消耗，又因为参与者众多，一些优秀的开源项目可以实现单独企业根本无法开发完成的项目工程量。举一个众所周知的例子，大家用的安卓手机操作系统，其实就来自开源项目。它击败了当时最大的手机制造商诺基亚和处于垄断地位的操作系统开发商微软的联盟，将智能机的普及提前了至少 3 年。以双赢品格为基础，我们才能建立和维护双赢关系，在彼此互信互赖的环境中，个人的聪明才智可专注于解决问题，而不必浪费在猜忌设防上。因为我们彼此信任，所以才能坦诚相待，不管看法是否一致，不论哪一方阐述什么样的观点，另一方都愿意仔细聆听，力求知己知彼后共同寻找第三条路，这种合作下的解决办法会让彼此都受益。

（2）Python 版本。Python 目前有两个版本，分别是 Python 2.x 版本（简称 Python 2）和 Python 3.x 版本（简称 Python 3）。其中，Python 3 是目前使用最多的版本，但还是有很多企业大量使用 Python 2.6 或者 Python 2.7，并且网络中存在含有几十万甚至上百万行 Python 2 代码的 Python 项目，想要将其快速更新为 Python 3 代码是非常困难的。

需要注意的是，Python 3 并不是 Python 2 的升级版本，没有向下兼容的情况。并且，Python 3 与 Python 2 相比，有很多改进，主要体现在三个方面，分别是编码方式、语法格式、第三方模块等。

1）编码方式。在 Python 2 中，编码格式为 ASCII，也就是说，当出现中文字符时会出现乱码，此时需要在 Python 代码的开头设置编码解码；而 Python 3 的默认编码为 UTF-8，不需要任何设置。

2）语法格式。在 Python 2 中，print 是一个语句，而在 Python 3 中是 print() 函数。

Python 2 中除法操作返回的是整数，而 Python 3 中返回的是浮点数。

Python2 中 xrange() 和 range() 是两个不同的函数；而 Python 3 将其整合为一个函数，即 range()。

3）第三方模块。在 Python 2 中，第三方模块的数量为 28523，而在 Python 3 中数量为 12457。

（3）Python 特点。Python 是一门介于 C 与 Shell 之间的动态的强类型定义语言，除了可以使用 C 语言的扩展功能和数据类型外，还具有如图 1-2 所示的优点。

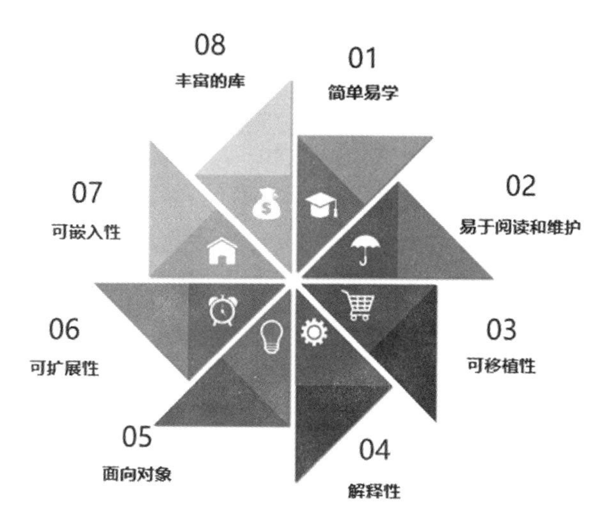

图 1-2　Python 的优点

- 简单易学。Python 具有较少的关键字，并且代码结构简单，有明确定义的语法格式，学习起来更加简单、容易。
- 易于阅读和维护。Python 代码清晰，并且容易维护。
- 可移植性。Python 可以运行在任意存在 Python 环境的平台上，但需要注意 Python 的版本以及所依赖的相关模块是否存在。
- 解释性。Python 是一种解释型的语言，与 C 语言相比，代码不需要通过编译操作即可运行，并输出结果。
- 面向对象。Python 支持面向对象编程，可以通过组合与继承的方式实现类的定义。
- 可扩展性。空行标志着请求头的结束，请求体包含客户端的请求参数，若请求方法为 GET，则此项为空；若请求方法为 POST，则此项填写待提交的表单数据。
- 可嵌入性。能够在 C/C++ 程序中嵌入 Python，以实现脚本的供应。
- 丰富的库。Python 提供了非常丰富的可用库，能够实现各种功能，如正则表达式使用、数据库管理、信息获取等。

尽管 Python 语言有很多优势，但在运行速度、加密、多线程等方面存在缺点：

- 运行速度慢。与 C 语言相比，Python 的运行速度较慢，但在时间较长的情况下才明显。在大多数情况下，Python 能够满足程序速度的需求。
- 代码不能加密。Python 代码以明文形式存在，可以直接执行并返回结果。
- 不能多线程运行。由于存在全局解释器锁（Global Interpreter Lock，GIL），因此即使提供了多个 CPU，在执行 Python 程序时，也会被禁止多线程的并行执行。

（4）Python 发展历程。在 1989 年的圣诞节，吉多 • 范罗苏姆为了打发在阿姆斯特丹的时间而决心开发一种脚本解释程序——Python 语言解释器。随着时间的推移，其逐渐发展为世界上最受欢迎的语言之一。Python 发展历程见表 1-1。

表 1-1 Python 发展历程

时间	描述
1991 年	基于 C 语言的 Python 编译器诞生，能够调用 C 语言的相关库
1994 年 1 月	Python 1.0，增加 lambda、map、filter、reduce 等
1999 年	Zope 1.0，基于 Python 的第一个 Web 框架
2000 年 10 月 16 日	Python 2.0，提供内存回收机制，Python 语言框架形成
2004 年 11 月 30 日	Python 2.4，基于 Python 的 Web 框架——Django 诞生
2006 年 9 月 19 日	Python 2.5
2008 年 10 月 1 日	Python 2.6
2008 年 12 月 3 日	Python 3.0
2009 年 6 月 27 日	Python 3.1
2010 年 7 月 3 日	Python 2.7
2011 年 2 月 20 日	Python 3.2
2012 年 9 月 29 日	Python 3.3
2014 年 3 月 16 日	Python 3.4
2014 年 11 月	Python 2.0 停止更新，并于 2020 年不再支持 Python 2.7
2015 年 9 月 13 日	Python 3.5
2016 年 12 月 23 日	Python 3.6
2018 年 06 月 27 日	Python 3.7
2019 年 10 月 14 日	Python 3.8
2020 年 10 月 5 日	Python 3.9
2021 年 5 月 3 日	Python 3.9.5

（5）Python 应用。Python 功能强大，以简单易学的优势而广受好评，并广泛应用于系统运维、Web 应用开发、云计算、大数据、人工智能、网络爬虫等技术领域。

- 系统运维。目前 Python 已经成为自动化运维平台领域的实施标准。Linux 的各版本（CentOS、Ubuntu 等）中都会内置 Python，并且可以通过 Python 提供的相关模块实现 Linux 的管理。其中，Python+Django/Flask 是自动化运维的标配，Python 实现的 openstack 是虚拟化管理的标配。
- Web 应用开发。Python 能够非常方便地进行功能扩展，基于其开发了大量优秀的 Web 应用程序开发框架，如 Django（目前最受欢迎的 Python Web 框架）、Flask（短小精悍，方便应用开发）等。Django 和 Flask 的图标如图 1-3 所示。

图 1-3 Django 和 Flask 的图标

- 云计算。基于 Python 实现的 OpenStack 是云计算最火的语言。
- 大数据。Python 在大数据中主要用于数据处理，并且 Python 提供的 NumPy、

Pandas、SciPy、Matplotlib 等模块可完成数据分析相关工作。

- 人工智能。Python 与人工智能相辅相成，Python 借助人工智能发展，而人工智能借助 Python 的简单、快速、可扩展等优势满足其大多数需求，尤其是在机器学习方面。并且，目前人工智能较常用的 TensorFlow、PyTorch、Karas 等学习框架都是基于 Python 实现的。
- 网络爬虫。Python 在网络爬虫方面有着非常高的成就，其通过 Requests、Scrapy 等模块，基本上可以获取任意数据。

2. Python 安装

Python 是一款跨平台程序语言，可以在任意平台上开发 Python 项目，如 Linux 的 CentOS 和 Ubuntu、Windows、Mac 等。下面主要介绍 Python 在 Windows 操作系统下的安装步骤：

第一步：通过网址 https://www.python.org/ 进入 Python 官方网站，如图 1-4 所示。

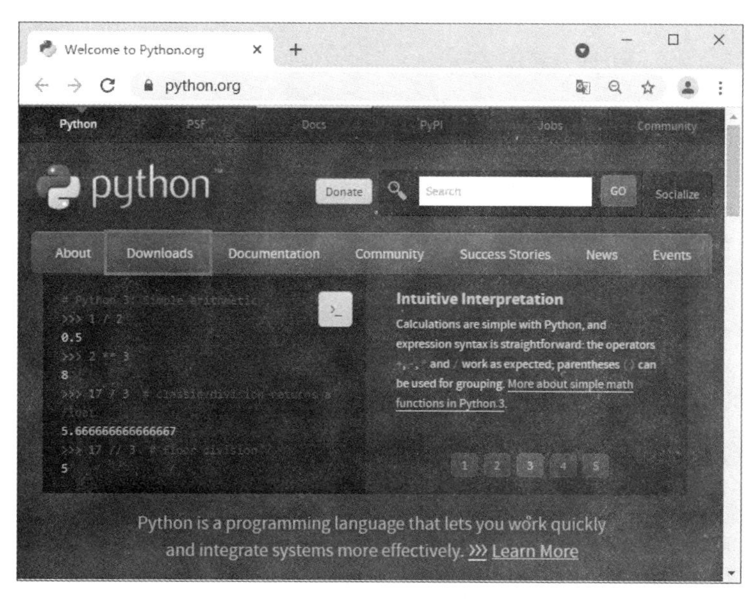

图 1-4 Python 官方网站

第二步：在菜单栏中单击 Downloads 选项进入 Python 版本选择界面，如图 1-5 所示。

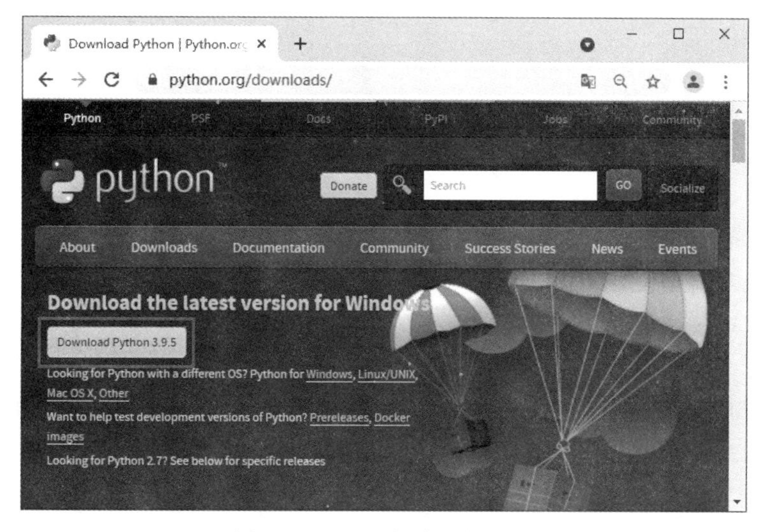

图 1-5 Python 版本选择界面

第三步：单击 Download Python 3.9.5 按钮进入 Python 安装文件下载界面，并滑动至页面底部，如图 1-6 所示。

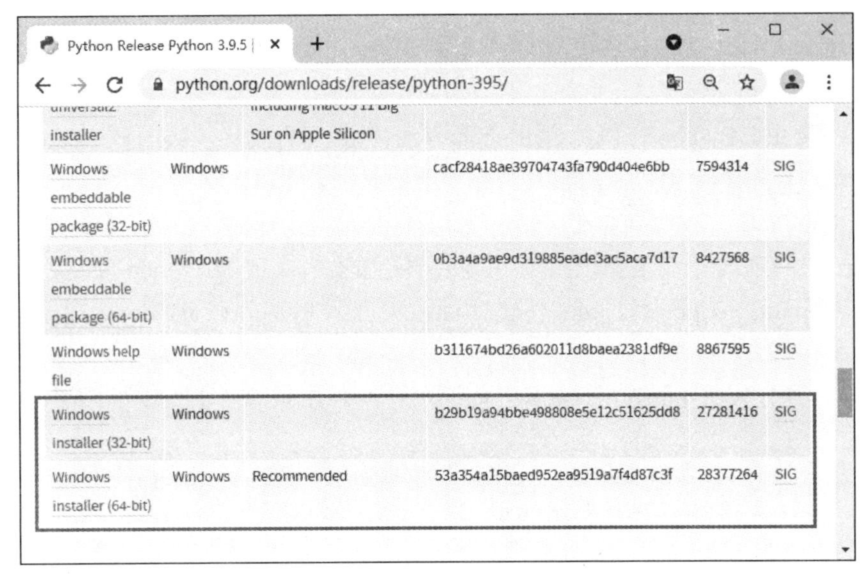

图 1-6　Python 安装文件下载界面

第四步：选择符合需求的 Python 安装文件，并单击下载。

第五步：双击 Python 安装文件，进入安装设置界面，如图 1-7 所示。

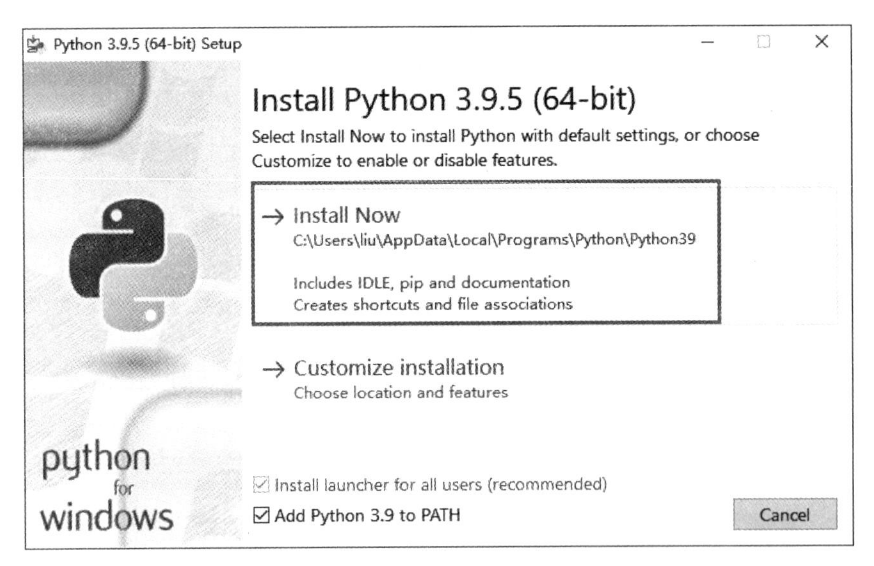

图 1-7　安装设置界面

第六步：勾选底部的 Add Python 3.9 to PATH 复选框，进行 Python 的环境配置，并单击 Install Now 按钮进入 Python 安装界面（单击 Customize installation 按钮将进入 Python 自定义安装界面，但自定义方式在安装完成后，还需对环境进行配置），如图 1-8 所示。

第七步：等待一段时间后，提示 Setup was successful 安装成功，说明 Python 安装完成，如图 1-9 所示。

第八步：打开命令窗口，输入 python 进行验证，如果进入 Python 的交互式命令行即可说明 Python 安装成功，如图 1-10 所示。

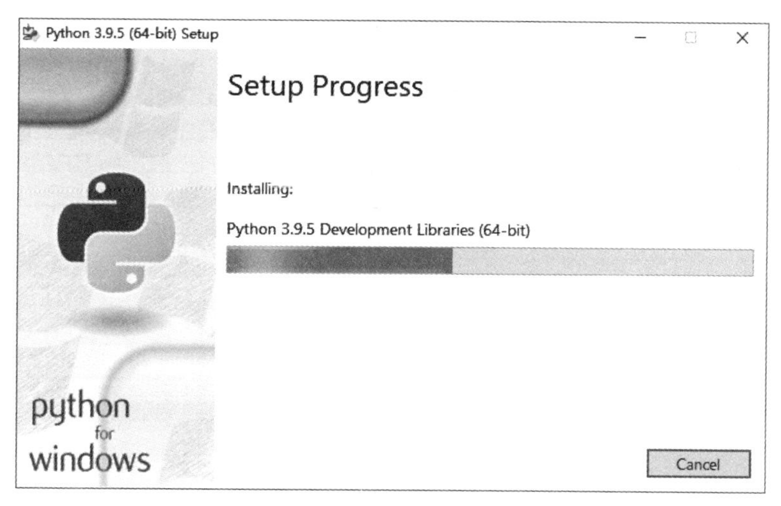

图 1-8 Python 安装界面

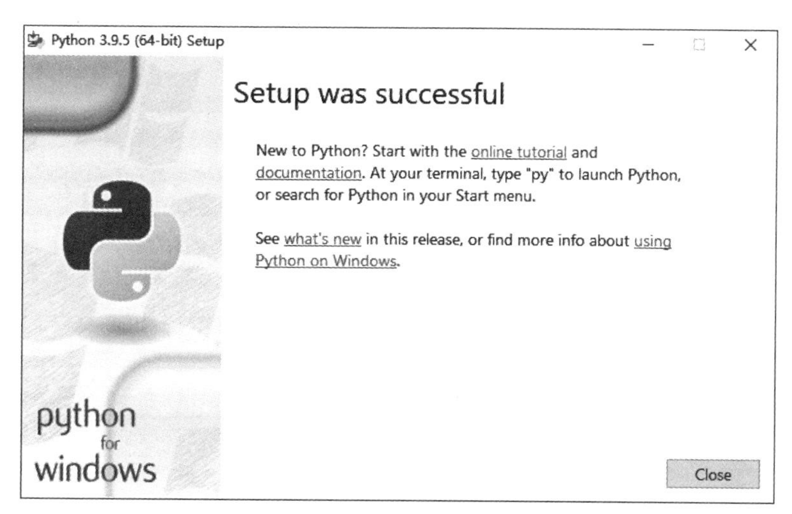

图 1-9 安装成功

图 1-10 检查 Python 是否可运行

3. Python 第三方库

Python 还被称为“胶水”语言，其包含了丰富、强大的第三方库，能够轻松地联系其他语言制作的各模块，并调用该模块实现各种功能。

（1）常用第三方库。目前 Python 的第三方库分为 Python 内置库和外部第三方库，其中，Python 内置库被默认添加到 Python，而不需要手动添加，使用时直接引用即可。常用的 Python 内置库见表 1-2。

表 1-2 常用的 Python 内置库

名称	描述
re	正则表达式匹配
json	对 JSON 数据进行编解码
datetime	处理日期和时间
random	生成随机数
os	处理文件和目录
urllib	操作 URL
zlib	数据打包和压缩
math	数学函数库
stat	权限操作

Python 外部第三方库在使用前需要进行下载，之后才可以被引用。常用的 Python 外部第三方库见表 1-3。

表 1-3 常用的 Python 外部第三方库

名称	描述
Requests	HTTP 库
Scrapy	爬虫工具的常用库
Matplotlib	绘制数据图的库
OpenCV	图片识别常用的库
SciPy	算法和数学工具库
BeautifulSoup/lxml	XML 和 HTML 的解析库
NumPy	科学计算库
Pandas	数据统计、分析平台
Django	最流行的 Python Web 框架
Flask	轻量级 Web 应用程序框架
scikits-learn	机器学习库
PIL	图像处理库
jieba	中文分词工具
PyMySQL	MySQL 数据库管理库
PyMongo	MongoDB 数据库管理库

（2）第三方库安装。Python 外部第三方库的安装有两种方式，一种是在线安装，只需使用 pip 命令直接加载所需库名称即可，多个名称可通过空格连接，语法格式如下：

```
pip install 库名称
```

但该方式受限于网速，当出现下载较慢的情况时，可以通过“-i”参数指定国内的下载镜像。常用镜像见表 1-4。

表 1-4　常用镜像

名称	路径
清华	https://pypi.tuna.tsinghua.edu.cn/simple
阿里云	http://mirrors.aliyun.com/pypi/simple/
中国科技大学	https://pypi.mirrors.ustc.edu.cn/simple/
华中理工大学	http://pypi.hustunique.com/
山东理工大学	http://pypi.sdutlinux.org/

语法格式如下：

```
pip install -i 镜像路径 库名称
```

另一种是本地安装，可以通过 Python 官方下载第三方库的地址 https://pypi.org/ 下载指定第三方库的压缩包或 whl 文件。其中，使用压缩包进行安装，只需解压并打开该压缩文件后，在命令窗口输入 python setup.py install 即可；而使用 whl 文件时，直接在 pip install 命令后加入该文件名称，语法格式如下：

```
pip install 文件名称.whl
```

下面使用 pip install 命令直接加载 NumPy 和 Pandas 库，命令如下：

```
pip install NumPy Pandas
```

效果如图 1-11 所示。

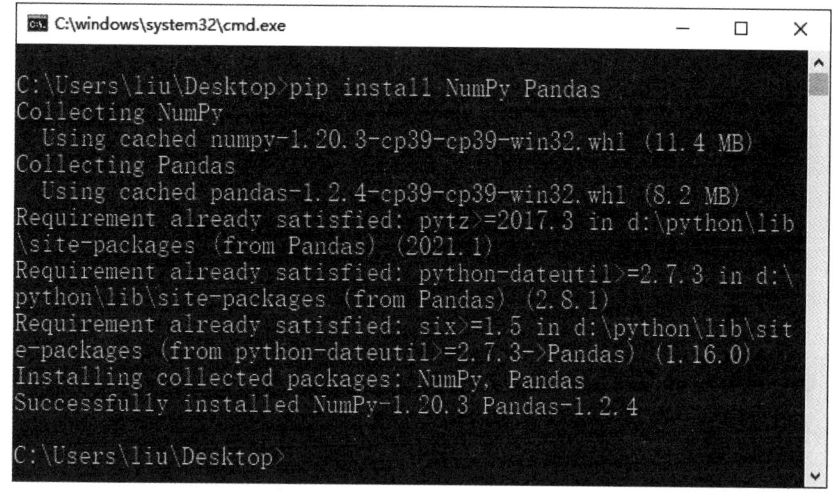

图 1-11　Python 查看

另外，pip 命令除了上面的 install 方法外，还提供了用于操作包的其他方法，如包的卸载、查询等。常用方法见表 1-5。

表 1-5　常用方法

命令	描述
pip uninstall 包名称	卸载包
pip search 包名称	搜索包
pip show	显示安装包信息
pip list	列出已安装的包

下面查询所有已安装的包，验证 NumPy 和 Pandas 包是否安装成功，命令如下：

```
pip list
```

效果如图 1-12 所示。

```
C:\windows\system32\cmd.exe

C:\Users\liu\Desktop>pip list
Package          Version
---------------- -------
numpy            1.20.3
pandas           1.2.4
pip              21.1.2
python-dateutil  2.8.1
pytz             2021.1
pywin32          300
pywinpty         0.5.7
six              1.16.0

C:\Users\liu\Desktop>
```

图 1-12 Python 查看

任务实施

通过上面的学习，可掌握 Python 的相关内容以及 Python 在 Windows 操作系统上的安装步骤。根据 Windows 系统上 Python 的安装步骤实现 Linux 系统上 Python 的安装，步骤如下：

第一步：打开命令窗口，查看是否存在默认的 Python，命令如下：

```
[root@localhost ~]# python
```

效果如图 1-13 所示。

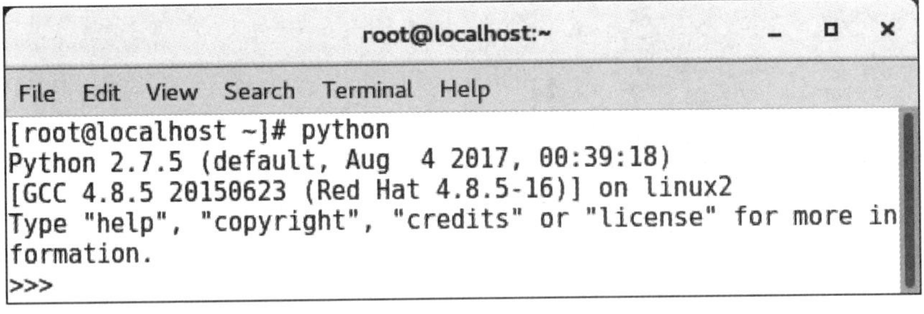

图 1-13 Python 查看

第二步：利用 Linux 自带的下载工具 wget 下载 Python 的源码包，命令如下：

```
[root@localhost ~]# wget https://www.python.org/ftp/python/3.9.5/Python-3.9.5.tgz
```

效果如图 1-14 所示。

第三步：查看目录包含的内容，确定源码包是否下载成功，命令如下：

```
[root@localhost ~]# ls
```

效果如图 1-15 所示。

第四步：解压下载后的 Python 源码包，命令如下：

```
[root@localhost ~]# tar -zxvf Python-3.9.5.tgz
[root@localhost ~]# ls
```

```
root@localhost:~
File Edit View Search Terminal Help
[root@localhost ~]# wget https://www.python.org/ftp/python/3
.9.5/Python-3.9.5.tgz
--2021-06-02 00:31:53--  https://www.python.org/ftp/python/3
.9.5/Python-3.9.5.tgz
Resolving www.python.org (www.python.org)... 151.101.228.223
, 2a04:4e42:11::223
Connecting to www.python.org (www.python.org)|151.101.228.22
3|:443... connected.
HTTP request sent, awaiting response... 200 OK
Length: 25627989 (24M) [application/octet-stream]
Saving to: 'Python-3.9.5.tgz'

100%[=================>] 25,627,989   315KB/s   in 46s

2021-06-02 00:32:39 (547 KB/s) - 'Python-3.9.5.tgz' saved [2
5627989/25627989]

[root@localhost ~]#
```

图 1-14 下载 Python 源码包

```
root@localhost:~
File Edit View Search Terminal Help
[root@localhost ~]# ls
anaconda-ks.cfg   initial-setup-ks.cfg  Public
Desktop           Music                 Python-3.9.5.tgz
Documents         original-ks.cfg       Templates
Downloads         Pictures              Videos
[root@localhost ~]#
```

图 1-15 查看目录

效果如图 1-16 所示。

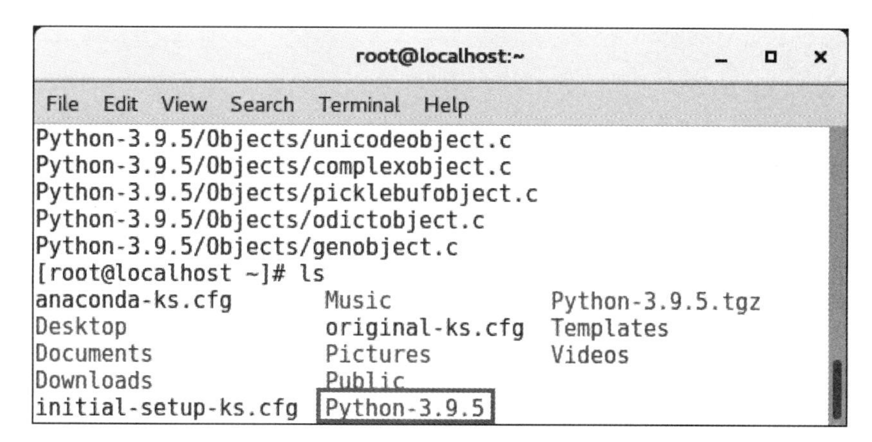

图 1-16 解压源码包

第五步：在 /usr/local 目录创建一个名为 python39 的文件夹，避免覆盖旧的版本，命令如下：

```
[root@localhost ~]# mkdir /usr/local/python39
[root@localhost ~]# find /usr/local/python39
```

效果如图 1-17 所示。

```
root@localhost:~
File Edit View Search Terminal Help
[root@localhost ~]# mkdir /usr/local/python39
[root@localhost ~]# find /usr/local/python39
/usr/local/python39
[root@localhost ~]#
```

图 1-17 创建目录并查看

第六步：进入解压缩后的 Python-3.9.5 文件夹，开始 Python 的编译安装，命令如下：

```
[root@localhost ~]# cd Python-3.9.5
[root@localhostPython-3.9.5]# ./configure --prefix=/usr/local/python39
[root@localhostPython-3.9.5]# yum -y install gcc automake autoconf libtool makezlib*
[root@localhost Python-3.9.5]# yum -y install libffi-devel
[root@localhostPython-3.9.5]# make
[root@localhostPython-3.9.5]# make install
```

效果如图 1-18 所示。

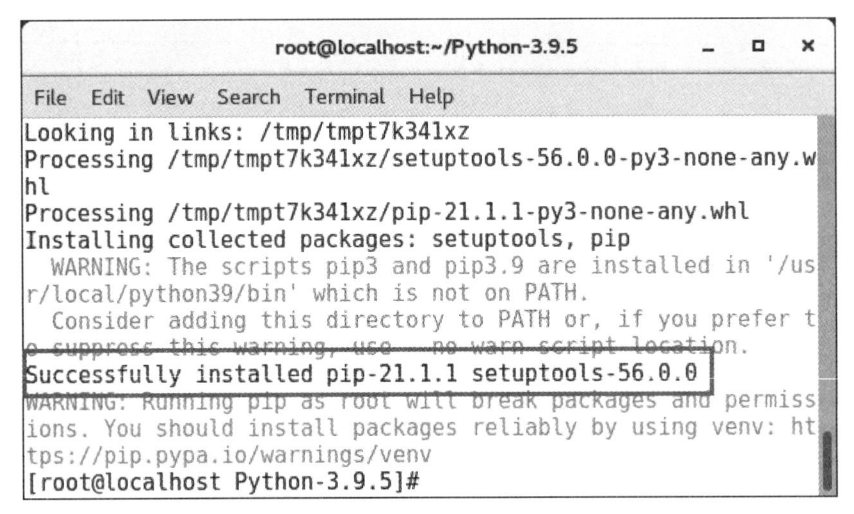

图 1-18 Python 编译安装

第七步：此时没有覆盖旧版本，切换到 /usr/bin 目录下，重命名原来的 /usr/bin/python 链接，命令如下：

```
[root@localhostPython-3.9.5]# cd /usr/bin/
[root@localhost bin]# mv python python_old
[root@localhost bin]# find python_old
```

效果如图 1-19 所示。

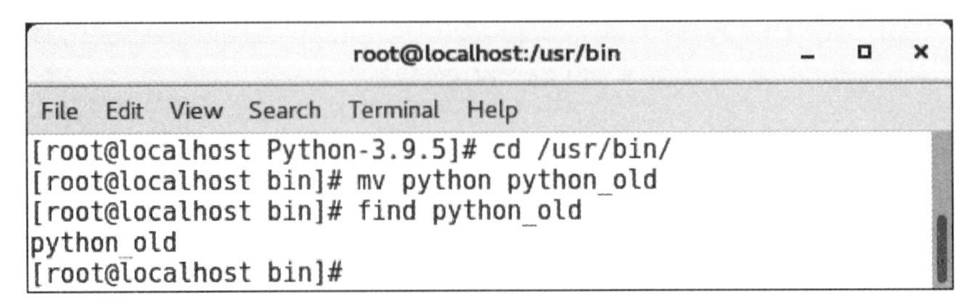

图 1-19 重命名原 Python

第八步：建立新版本 Python 的链接，命令如下：

```
[root@localhost bin]# ln -s /usr/local/python39/bin/python3.9 /usr/bin/python
[root@localhost bin]# find python
```

效果如图 1-20 所示。

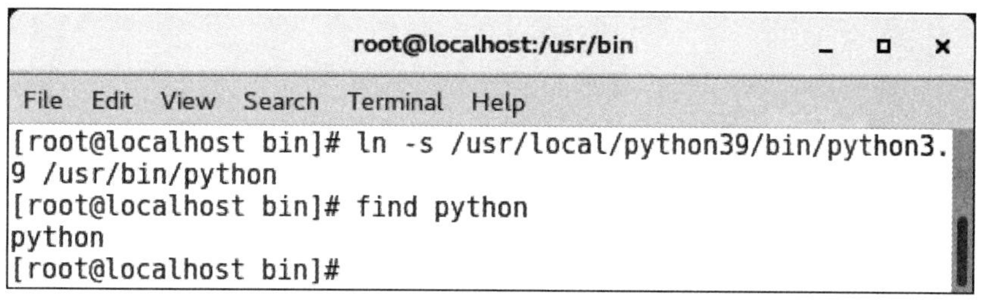

图 1-20 建立新版本 Python 的链接

第九步：在命令行中输入 python 进行验证，命令如下：

```
[root@localhost bin]# python
```

效果如图 1-21 所示。

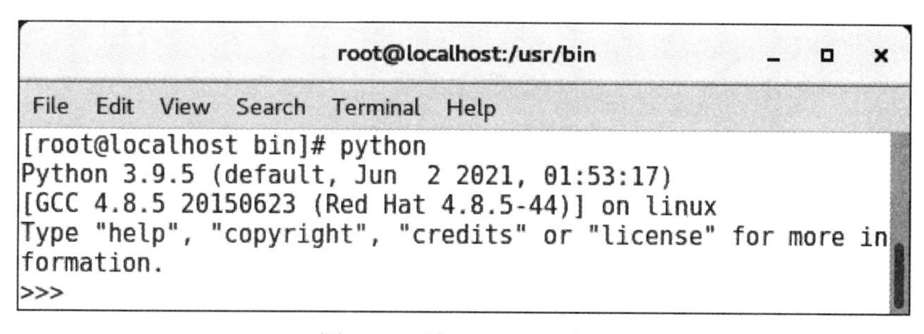

图 1-21 验证 Python 安装

任务 2 使用 PyCharm 开发 Python

任务要求

PyCharm 是 Python 程序开发中非常受欢迎的一款工具，能够实现 Python 程序的调试、智能提示、单元测试、版本控制等多种程序开发辅助功能。本任务将实现 PyCharm 对 Python 环境的配置，思路如下：

（1）创建项目。

（2）配置 Python 环境。

（3）创建 Python 文件。

（4）编写 Python 代码。

（5）运行 Python 程序。

知识提炼

1. IDLE

IDLE（Integrated Development and Learning Environment）是 Python 的一个轻量级集

成开发环境，具有语法标记明显、段落缩进整齐、文本编辑方便、TABLE 键控制和调试程序便捷等特点。另外，IDLE 还是 Python 安装的一个可选部分，能够很方便地进行 Python 的非商业开发，简单来说，IDLE 在安装 Python 时会自动安装。IDLE 交互式界面如图 1-22 所示。

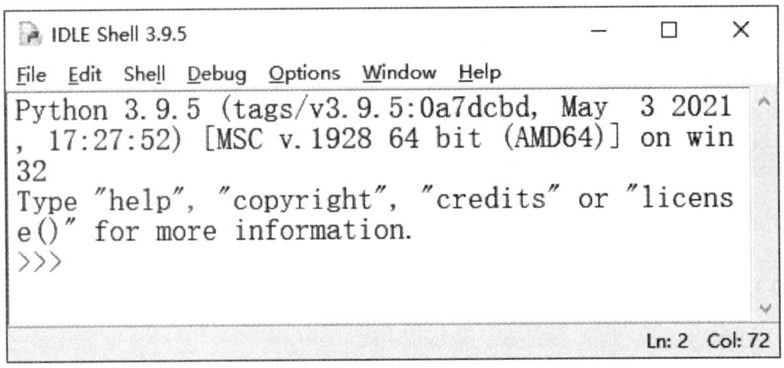

```
IDLE Shell 3.9.5
File  Edit  Shell  Debug  Options  Window  Help
Python 3.9.5 (tags/v3.9.5:0a7dcbd, May  3 2021
, 17:27:52) [MSC v.1928 64 bit (AMD64)] on win
32
Type "help", "copyright", "credits" or "licens
e()" for more information.
>>>
                                      Ln: 2  Col: 72
```

图 1-22　IDLE 交互式界面

通过图 1-22 可知，IDLE 主要由 6 个部分组成，分别是以交互模式运行的 Python 命令行、文本编辑器、语法检查工具、搜索工具、代码格式化工具和调试器。并且，在 IDLE 中，按 Enter 键即可实现 Python 代码的运行并输出结果，但每次只能执行一条语句，在提示符“>>>”再次出现时才可输入下一条语句。当运行选择语句、循环语句等复合语句时，需要按两次 Enter 键。

另外，IDLE 还提供了多个用于操作的快捷键，如撤销键、复制键、粘贴键等。常用的快捷键见表 1-6。

表 1-6　常用的快捷键

快捷键	描述
Ctrl+Z	撤销一步操作
Ctrl+Shift+Z	恢复上一次的撤销操作
Ctrl+]	缩进代码块
Ctrl+[	取消代码块缩进
Ctrl+N	新建文件
F5	运行文件
Ctrl+C	复制
Ctrl+V	粘贴
Ctrl+S	保存
Alt+P	查看上一条命令
Alt+N	查看下一条命令
Ctrl+3	注释代码块
Ctrl+4	取消代码块注释
Alt+G	转到某行
Ctrl+F6	重新启动 Python Shell

2. PyCharm 概述

（1）PyCharm 简介。PyCharm 是 JetBrains 开发的一款 Python 集成开发环境，具备程序开发所需的多种功能，如调试、语法高亮、Project 管理、代码跳转、智能提示、自动完成、单元测试、版本控制等，是开发 Python 最常用的一款工具。除了具备开发 Python 的常用工具外，PyCharm 还具有多种方便程序开发的优势：编码协助、项目代码导航、代码分析、Python 重构、支持 Django、集成版本控制、图形页面调试、集成的单元测试、可自定义和可扩展。

目前 PyCharm 有两个版本，分别是专业版和社区版。其中，专业版功能强大，为 Python 及 Python Web 的开发人员准备，但专业版的 PyCharm 需要付费使用；社区版在专业版的基础上删减了功能，但能够满足 Python 相关项目的日常开发。

（2）PyCharm 安装。无论是专业版还是社区版，PyCharm 都可以跨平台使用，只需本地存在 Python 环境即可。PyCharm 的安装步骤如下：

第一步：通过路径 https://www.jetbrains.com/pycharm/ 进入 PyCharm 官方网站，如图 1-23 所示。

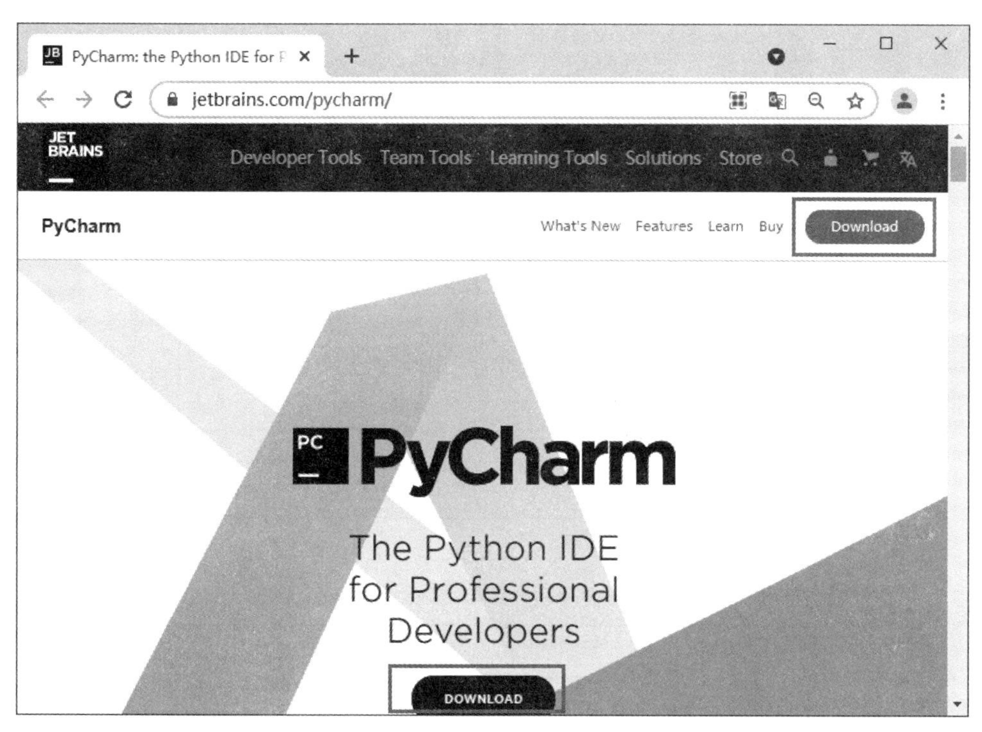

图 1-23 PyCharm 官方网站

第二步：单击图 1-23 中的 Download 或 DOWNLOAD 按钮进入 PyCharm 安装文件下载界面，如图 1-24 所示。

第三步：在图 1-24 中选择适合的系统后，单击 Download 按钮下载安装 PyCharm。其中，Professional 为专业版，Community 为社区版。

第四步：双击刚刚下载的安装文件，进入 PyCharm 安装首界面，如图 1-25 所示。

第五步：单击图中的 Next > 按钮进入安装路径选择界面，如图 1-26 所示。

第六步：单击图中的 Browse... 按钮选择安装路径后，单击 Next > 按钮进入安装选择界面，如图 1-27 所示。

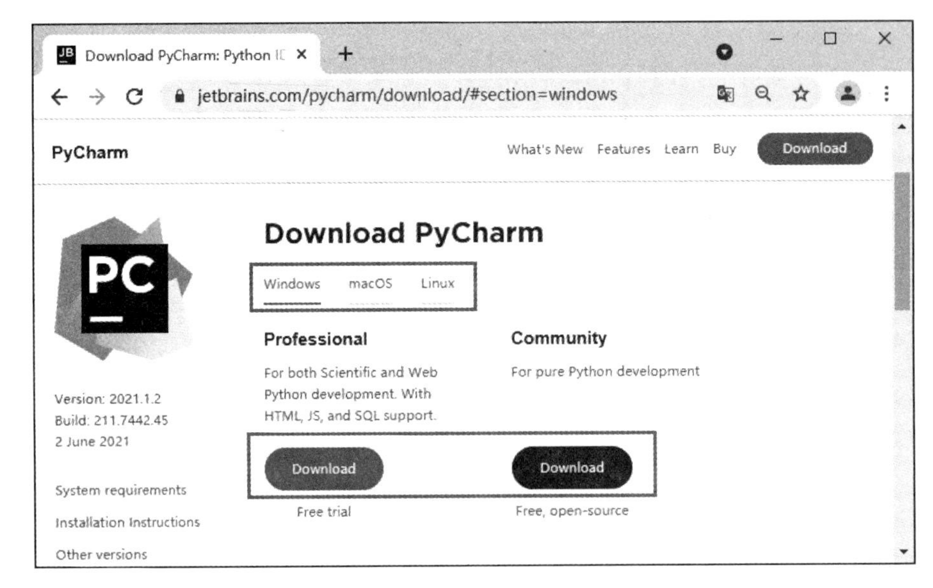

图 1-24 PyCharm 安装文件下载界面

图 1-25 PyCharm 安装首界面

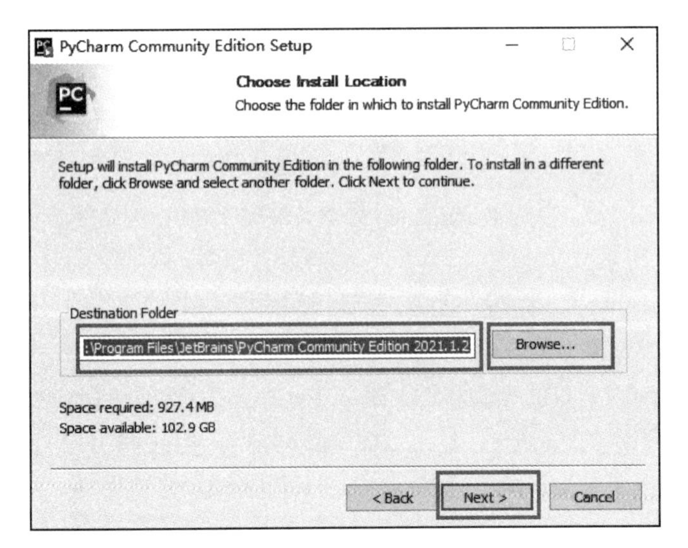

图 1-26 安装路径选择界面

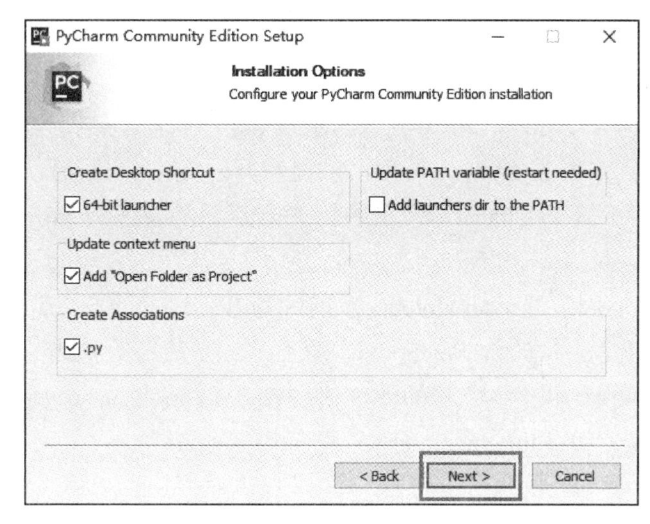

图 1-27 安装选择界面

第七步：单击图中的 Next > 按钮进入安装界面，如图 1-28 所示。

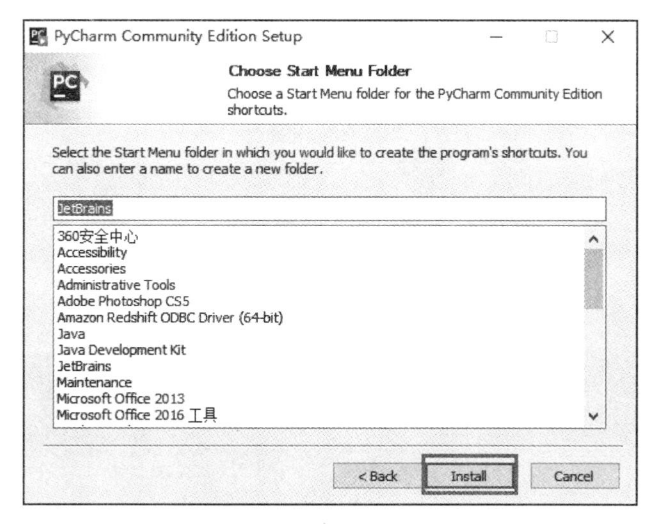

图 1-28 安装界面

第八步：单击图中的 Install 按钮安装 PyCharm，如图 1-29 所示。

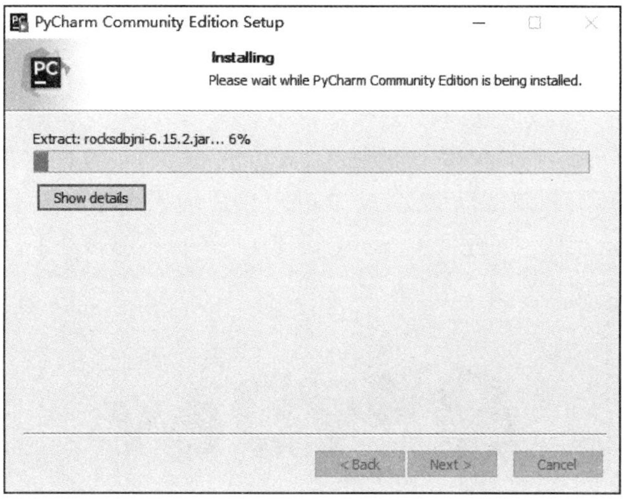

图 1-29 安装 PyCharm

第九步：安装完成后，单击 Finish 按钮。

3. 其他第三方开发工具

Python 的开发与 C、C++、Java 等语言的类似，同样需要代码编辑器或集成的开发编辑器帮助开发人员开发 Python 项目，以提高开发效率。目前，除了 Python 默认的 IDLE 和第三方开发工具 PyCharm，常用的第三方开发工具还有 Jupyter Notebook、Vim 和 PyDev+eclipse 等。

（1）Jupyter Notebook。Jupyter Notebook，前称为 IPython Notebook，支持多种编程语言，如 Python、Scala、R 等。Jupyter Notebook 本质上是一个开源的 Web 应用程序，为用户提供代码、方程式、可视化和文本文档的创建和共享功能，能够实现数据的处理和转换、数据的可视化、机器学习等。Jupyter Notebook 图标如图 1-30 所示。

图 1-30 Jupyter Notebook 图标

（2）Vim。Vim 是 UNIX 系统上的标准文本编辑器之一，具有编辑器所需的所有功能，尤其是在 Python 方面，可以说是 Python 开发的最好工具。并且，Vim 的使用非常简单，只需熟悉其提供的相关的命令即可。Vim 图标如图 1-31 所示。

图 1-31 Vim 图标

（3）PyDev+eclipse。PyDev 是 eclipse 一个功能强大的插件，能够为 eclipse 实现 Python 应用程序的开发和调试提供支持。PyDev 的出现极大地方便了熟悉 eclipse 工具的开发人员编写 Python 代码，并提供了语法错误提示、源代码编辑助手、运行和调试等功能。PyDev 图标如图 1-32 所示。

图 1-32 PyDev 图标

任务实施

通过上面的学习，可掌握 Python 程序开发相关工具的使用。通过以下几个步骤，使用 PyCharm 实现 Python 程序的开发。

第一步：首次打开 PyCharm 时会出现软件设置界面，如图 1-33 所示。

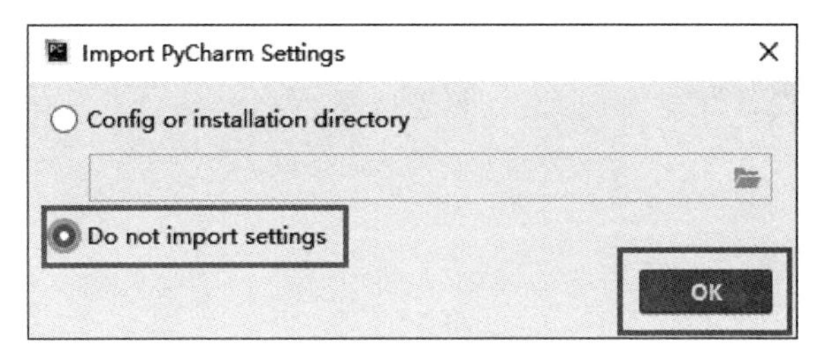

图 1-33　软件设置界面

第二步：在图中勾选完成后，单击 OK 按钮即可进入 PyCharm 项目创建界面，如图 1-34 所示。

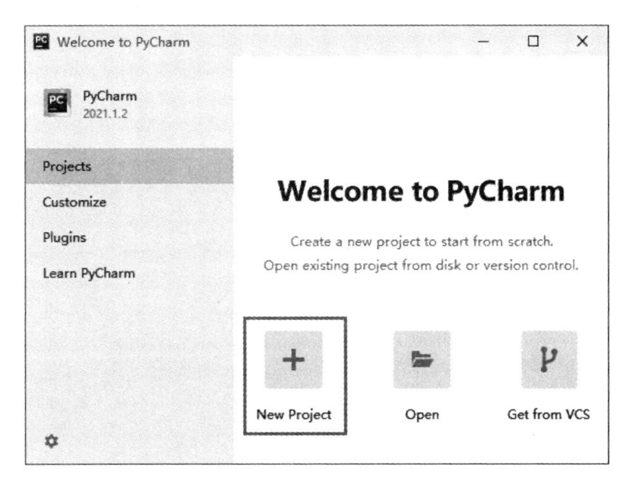

图 1-34　PyCharm 项目创建界面

第三步：单击图中的 New Project 按钮，即可进入项目创建设置界面，如图 1-35 所示。

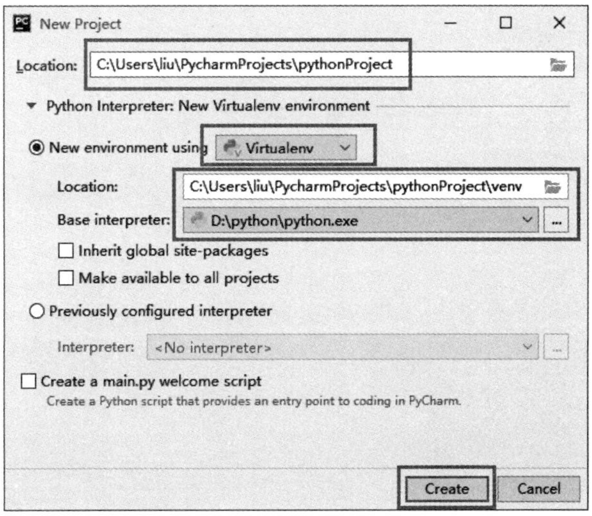

图 1-35　项目创建设置界面

第四步：选择项目路径和项目名称，然后设置 Python 的相关环境，最后单击图 1-35 中的 Create 按钮创建 Python 项目并进入项目开发界面，如图 1-36 所示。其中，venv 即项目的 Python 环境。

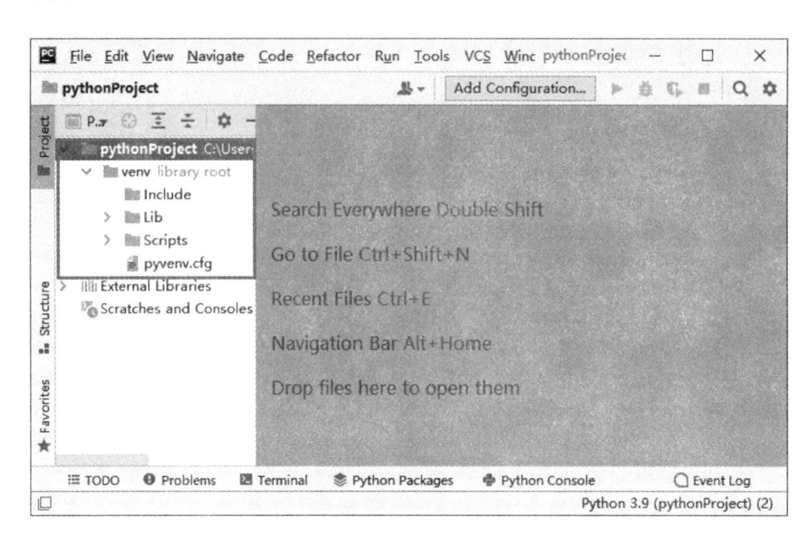

图 1-36　项目开发界面

第五步：单击 File → New... 菜单命令，弹出文件创建窗口，如图 1-37 所示。

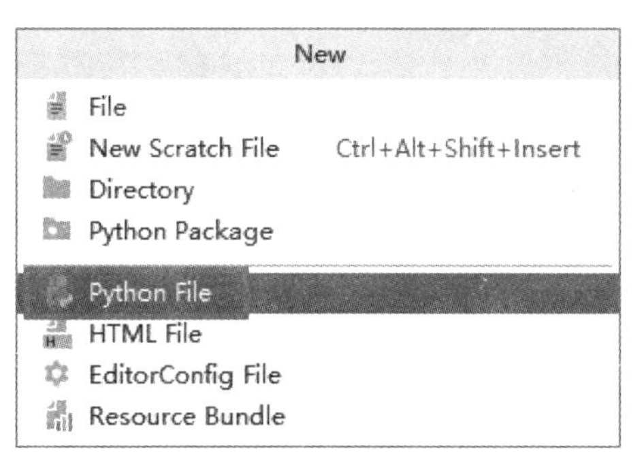

图 1-37　文件创建窗口

第六步：选择 Python File 命令并输入文件名称创建 Python 文件，如图 1-38 所示。

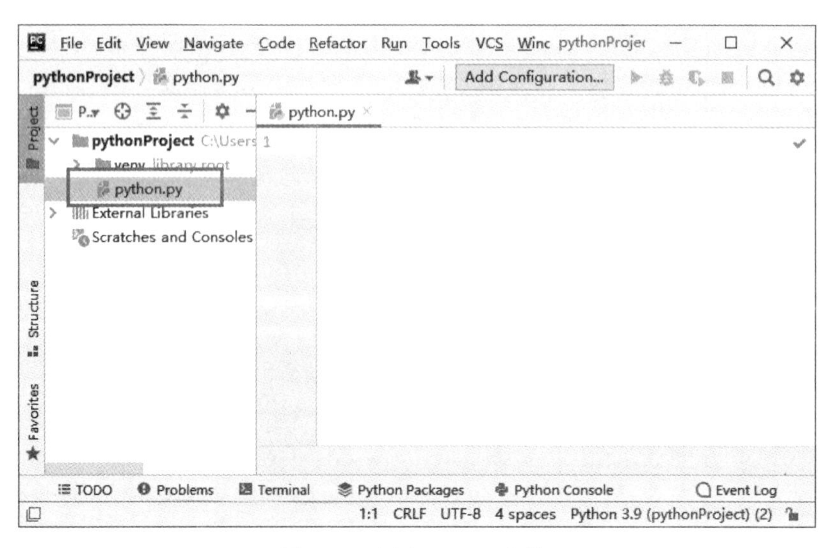

图 1-38　创建 Python 文件

第七步：在编码区域编写 Python 代码，这里使用 print() 方法输出“Hello Python！”，如图 1-39 所示。

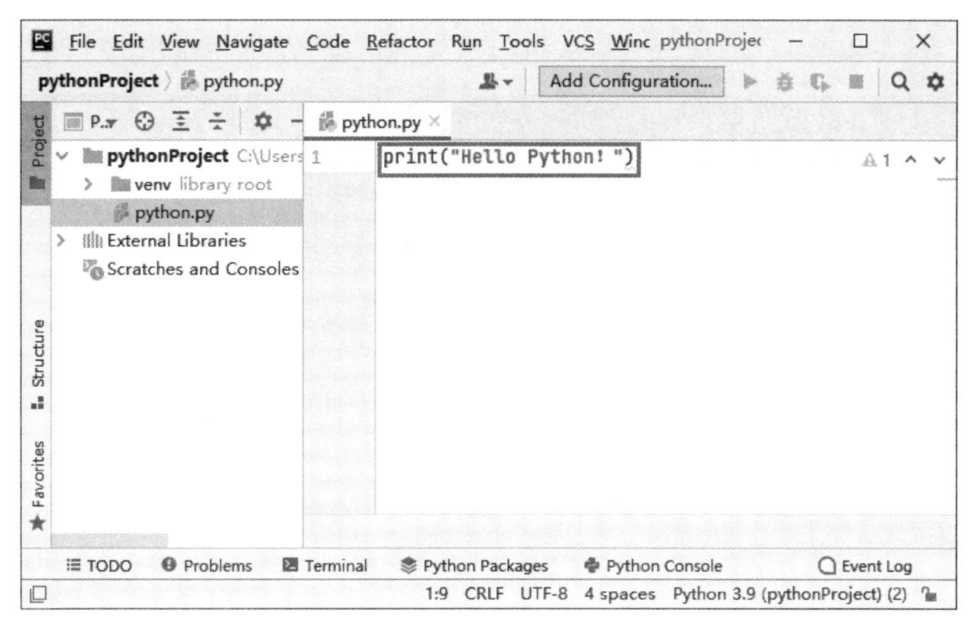

图 1-39 编写 Python 代码

第八步：单击 Run → Run... → python 命令，运行 python.py 文件的代码，如图 1-40 所示。

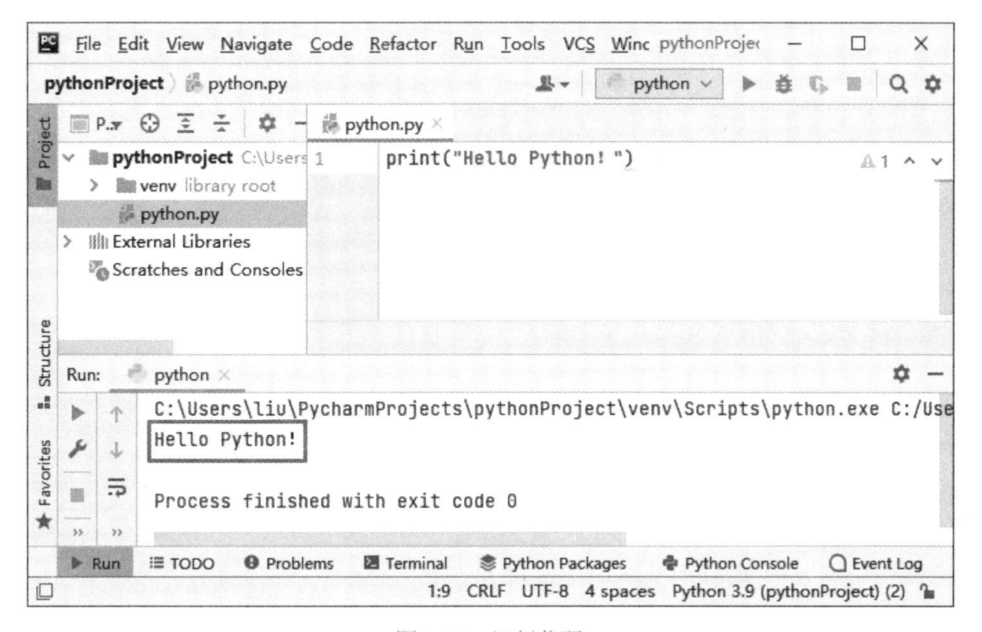

图 1-40 运行代码

PyCharm 汉化

知识梳理与总结

通过对本项目的学习，完成 Python 环境搭建和 PyCharm 开发工具的配置，并在实现过程中了解 Python 的相关概念，熟悉 Python 环境的搭建以及 Python 第三方库的安装，掌握 Python 开发工具的安装及配置。

任务总体评价

通过学习本项目，看自己是否掌握了以下技能，在技能检测表中标出已掌握的技能。

评价标准	个人评价	小组评价	教师评价
（1）是否能够安装 Python			
（2）是否能够配置 PyCharm			

备注： A 为能做到；B 为基本能做到；C 为部分能做到；D 为基本做不到。

自主探究

1．测试用不同源安装第三方库的快慢。

2．探究 IDLE 和 Jupyter Notebook 的使用方法。

项目 2　Python 基础

项目概述

随着信息技术的快速发展与5G时代的到来，互联网技术已经成为了我们生活和工作中不可或缺的重要组成部分，在工作中可以使用办公软件帮我们完成复杂的报表计算，生活中可以使用网络观看我们喜欢的电视剧、查找学习资料，即时通信软件能够使我们与朋友及家人随时保持联系，这些神奇的功能都是工程师们通过各种程序设计语言开发实现的。本项目将带领大家进入神奇的编程世界。

教学目标

知识目标

- 了解 Python 字符编码。
- 熟悉 Python 数据类型。
- 掌握标准输入输出方法。

技能目标

- 熟悉 Python 中的保留关键字。
- 掌握运算符使用方法。
- 掌握数据类型转换函数的使用方法。

任务 1　“HelloWorld”输出

任务要求

学习过其他语言的同学可能知道每种程序语言都是从最简单的 HelloWorld 程序开始的，程序的主要功能就是向屏幕中输入“Hello World”。本任务将带领大家学习 Python 编程语言的语法规则、常见的数据类型以及编程中使用率最高的输入与输出功能的实现。HelloWorld 任务实现思路如下：

（1）接收用户输入的“HelloWorld”字符串。

（2）在屏幕中输出“HelloWorld”。

知识提炼

1. Python 基础

（1）Python 字符编码。字符编码也称字集码，为每个字符分配一个唯一的编号，通过该编号能够找到对应的字符，把字符集中的字符编码为指定集合中的某个对象（如比特模式、自然数序列、8 位组或者电脉冲），以便文本在计算机中存储和通过通信网络传递。常见的字符编码方式如下：

- ASCII 码：ASCII 码是最早的字符编码是由美国提出的基于拉丁字母的一套计算机编码系统。ASCII 码能够对 10 个数字、26 个大小写英文字母和一些常用符号进行编码。
- GB 2312—1980：由于 ASCII 没有中文字符编码，为了能够在程序开发时使用中文和数字，需要一个关于中文和数字的关系对应表。因为一个字节仅能够表示最多 256 个字符，如果需要处理中文，一个字节显然不够，所以采用了两个字节表示，并且不能与 ASCII 编码冲突，对此我国制定了 GB 2312—1980 编码，用来把中文编进去。
- UTF-8：是 Python3 中默认使用的编码方式，针对 Unicode 的可变长度字符编码，可以表示 Unicode 标准中的任何字符，且编码中的第一个字节与 ASCII 兼容。
- Unicode：是一个字符集，该字符集中容纳了世界上所有文字和符号的字符编码方法，其中包括字符集、编码方案等。

Python 3 中可在文件开始处设置文件使用的编码，字符串编码设置方法如下：

```
#-*-coding:编码 -*-
```

课程思政：打好基础，才能成功

王羲之成为著名书法家之后，他的儿子也希望像父亲一样有成就。王献之不断地练习，加上天赋，进步神速。一年半载后，父亲才淡淡说了句："有点像。"王献之有点沮丧，父亲用笔郑重地按了一个点，他才发现，相差甚远，顿时恍然大悟，这是父亲日日苦练的结果。王献之戒骄戒躁，抛掉功利心，日日夜夜苦练好每一笔每一画，最终像父亲一样流芳百世。而另一个天赋极高的方仲永，自小会作词写文，由于没有进行良好的学习，打好基础，成年后锐气全无。可见，天赋再好再高，就如一棵优良的树苗，如果根只停留在泥土表面，最终会在风雨中摔倒，在风雨中失败。

（2）引入模块。Python 模块是一个包含特定功能集合的 Python 文件，以 .py 作为扩展名，包含了 Python 对象的定义和 Python 语句，合理使用模块能够帮助开发人员有逻辑地组织 Python 代码段，可将具有相同或类似功能的代码段保存到同一个模块中，在模块中可定义函数、类以及变量，模块的引入方式有以下三种：

引入模块

1）import 语句。模块定义完成之后能够使用 import 将模块引入当前编写的 Python 代码中，引入完成之后就能够调用模块中的函数了。import 语法格式如下：

```
import module1[, module2[,... moduleN]]
```

module 表示模块名称；import 可同时引入多个模块，每个模块之间使用“,”分隔。

2）from...import 语句。Python 的 from 语句可从模块中导入一个指定的部分到当前命名空间中。from...import 语法格式如下：

```
from modname import name1[, name2[, ... nameN]]
```

modname 表示模块的名称；name 表示需要引入的指定命名空间，

3）from...import*。Python 能够引入模块中的指定命名空间，或使用 from...import* 引入全部命名空间，语法格式如下：

```
from modname import *
```

modname 表示模块的名称。

（3）语法。学习并掌握一门编程语言的首要任务就是充分了解并掌握其基础语法，Python 主要包含三个基础语法，分别为代码缩进、代码编写规范和代码注释。

1）代码缩进。C 或 Java 语言可以通过“{}”区分代码块，而 Python 完全靠缩进和冒号区分代码层次。缩进使用 4 个空格作为一个缩进量，一般情况下代码缩进用于函数定义、类定义、流程控制语句等需要区分代码层次的地方。代码块从第一行行尾的冒号开始，一直到缩进结束视为同一个代码块，同一个级别的代码块缩进量必须相同，否则会抛出 SyntaxError 异常。以 if 语句为例，展示 Python 中代码缩进和冒号的使用方法，代码如下：

```
age = 21;
if age > 18:
  print('您已成年')
  print('请尽快办理身份证')
if age < 18:
  print('您未成年')
```

代码缩进结果如图 2-1 所示。

```
您已成年
请尽快办理身份证
```

图 2-1　代码缩进结果

2）代码编写规范。

- 每行代码结尾不需要使用分号“;”，或使用分行将多行代码写到同一行。
- 建议每行字符不超过 80 个，如果超过 80 个，可使用“()”将多行内容隐式连接，使用方法如下：

```
print("该剧以乔峰、段誉和虚竹三人的传奇经历为主线，交织以三人与阿朱、"
"王语嫣、梦姑三段感人至深的缠绵恋情，从而铺陈开一幅气势磅礴的江湖画卷")
```

- Python 中在顶级定义之间添加空行增强代码可读性，每个函数和类的定义之间使用两个空格隔开，每个方法定义之间使用一个空行隔开。不同功能的代码段也可使用一个空行隔开。
- 运算符两侧、参数之间和逗号两侧使用空格分隔。

3）代码注释。注释是指添加在代码中标注型的文字，代码在运行时不会执行注释。类似于古文中的注释性文字用于标注解释每句话的含义，在代码中注释起到标注某行代码的功能、实现方法等。Python 中的注释类型分为两种，分别为单行注释和多行注释。

- 单行注释。Python 中单行注释使用井号“#”作为标识符，从“#”开始到换行之前的内容都作注释，不会被 Python 编译器编译。单行注释常用两种形式，分别为在需要注释的代码的前一行和在该段代码的右侧，示例如下：

```
#输出字符串我爱Python
print("我爱Python")
print("I Love Python") #输出字符串I Love Python
```

单行注释结果如图 2-2 所示。

```
我爱Python
I Love Python
```

图 2-2　单行注释结果

- 多行注释。Python 中多行注释使用一对三引号进行标记，可以写为（'''……'''）或（"""……"""），三引号之间的内容称为注释，不会被 Python 的编译器解释运行，示例如下：

```
'''
Python多行注释
我是Python多行注释
'''
或
"""
Python多行注释
我是Python多行注释
"""
```

2. 数据类型

Python 提供了 6 种基础数据类型，分别为数字（Number）、字符串（String）、列表（List）、元组（Tuple）、集合（Set）和字典（Dictionary）。其中数字、字符串和元组为不可变数据，列表、字段和集合为可变数据。

（1）数字（Number）。Python 的数字类型支持 int（整型）、float（浮点型）、bool（布尔类型）和 complex（复数）。4 种数字类型说明如下。

- int（整型）。整型通常称为整数，整数可以为正整数和负整数，即不包含小数点的数字。Python 3 没有限制 int 类型的长度，长度会限制于机器内存。Python 支持的 4 种整数表现形式见表 2-1。

表 2-1 Python 支持的 4 种整数表现形式

类型	表现形式
二进制	以“0b”开头，例如“0b11100”，代表十进制 28
八进制	以“0o”开头，例如“0o33”，代表十进制 28
十进制	最常见的进制
十六进制	以“0x”开头，例如“0x1c”

- float（浮点型）。浮点型数字由整数和小数两部分组成，除使用传统十进制方式表示外，还可使用科学计数法的形式表示，如 2.8e2=2.8×10^2=280。
- bool（布尔类型）。布尔类型只包含两个值，即 True 和 False。在 Python 3 中可以使用 1 表示 True，0 表示 False，能够与数字型进行运算。
- complex（复数）。复数由实数部分和虚数部分构成，可以用 a+bj 或者 complex(a,b) 表示，复数的实部 a 和虚部 b 都是浮点型。

（2）字符串（String）。字符串是指一个连续的字符序列，是能够在计算机中表示一切字符的集合，在 Python 中字符串是最常用的数据类型，单引号“''”、双引号“""”和三引号“''''''”中间的字符序列表示字符串，上述三种形式在语义上并无差别，单引号和双引号定义的字符串必须在同一行，三引号定义的字符串可以分布在连续多行上。

（3）列表（List）与元组（Tuple）。序列，顾名思义是指能够同时包含多个字符串和数字类型的数据，列表是 Python 中最基础的数据类型之一，其中每个字符串或数字类型的数据称为元素，并且每个元素都对应一个数字，表示在序列中的位置，这个位置称为索引，序列中的索引从 0 开始。列表中的每个元素能够单独修改。元组在形式上与列表类似，区别在于元组中的元素不能修改。

（4）集合（Set）。Python 中的集合有两种，分别为可变集合（set）和不可变集合

（frozenset），集合是一个无序的不重复的数据组合，集合中可包含除列表、集合和字典以外的多种数据类型，主要用于去重，测试两组数据的交集、差集、并集等。

（5）字典（Dictionary）。字典是另一种可变容器模型，且可存储任意类型对象。字典中可包含任意类型的数据，每个数据都由 key（键）和 value（值）组成，键与值之间使用冒号“:”分隔，每个键值对之间使用逗号“,”分隔。整个字典包含在花括号“{}”中。

3. 标准输入 / 输出

Python 中提供了两个用于向屏幕上输出和接收用户输入的内置函数，分别为 input（接收用户输入）和 print（输出内容）。

（1）input() 输入函数。input() 函数是 Python 中用于接收用户键盘输入的函数，并能够将用户输入的值赋值给变量，input() 函数语法如下：

```
input([prompt])
```

prompt 为可选参数，表示提示信息。

（2）print() 输出函数。print() 函数用于将程序运行结果打印到屏幕中，输出的内容可以是数字、字符串或包含运算符的表达式，print() 函数语法如下：

```
print(输出的内容)
```

默认情况下，每条 print 语句输出后都会自动换行，如果需要一次输出多个内容且不希望换行，可以使用英文逗号将要输出的内容分隔，在同一行输出多个对象。

Python 支持格式化输出，格式化是指预先定义一个模板，在模板中预留多个空位，然后根据需要向空位中添加内容，使用字符串格式化运算符“%”将输出项格式化，最后通过 print 语句按照格式输出，格式化运算符的使用格式如下：

```
print(格式化字符串%(输出项1, ..., 输出项n))
```

其中的格式化字符串由普通字符与格式说明符组成，普通字符按原样输出，格式说明符用于指定对应输出项的输出格式。格式说明符以百分号（%）开头，后面跟格式标识符。常用的格式化说明符见表 2-2。

表 2-2 常用的格式化说明符

格式化说明符	含义
%%	输出百分号
%d	输出十进制整数
%c	输出字符 chr
%s	输出字符串
%o	输出八进制整数
%x 或 %X	输出十六进制整数
%e 或 %E	以科学记数法输出浮点数
%[w][.p]f	以小数形式输出浮点数，数据长度为 w，小数部分有 p 位

当需要输出单个输出项时，将输出项放在字符串格式化运算符后。

任务实施

第一步：直接向屏幕中打印 Hello World，代码如下：

```
print("Hello World")
```

结果如图 2-3 所示。

```
Hello World
```

图 2-3 打印 Hello World

第二步：接收用户输入的内容并使用格式化运算符进行格式化输出，代码如下：

```
print("用户输入的内容为%s"%input("请输入您要打印的内容："))
```

结果如图 2-4 所示。

```
请输入您要打印的内容：Hello World
用户输入的内容为Hello World
```

图 2-4 接收入户输入并打印

任务 2 变量定义

任务要求

在数学中，变量是表示数字的字母字符，具有任意性和未知性。而编程语言中的变量主要用来存储信息，并且存储的信息是可以更改的。本任务将定义一个变量，保存用户输入的字符串并将其打印到屏幕中，变量定义实现思路如下：

（1）根据变量命名规则创建变量，同时进行赋值。

（2）使用 input 函数接收用户输入的内容，并赋值给变量。

知识提炼

Python 中的变量不需要特别声明，例如将 Hello Python 字符序列赋值给 python，此时 python 就称为变量，计算机会在内存中开辟一个空间存储 Hello Python 字符序列，开发人员不需要知道这个字符序列在内存中的存储位置，只需要告诉 Python 字符序列的名字 python 就能够引用 Hello Python，变量可以接收一个字符序列或数字类型的数据。

1. 保留关键字

保留关键字是指 Python 已经被赋予特定意义的一些单词，不能够使用保留关键字作为变量、函数、类或模块的名称。Python 中的保留关键字见表 2-3。

表 2-3 Python 中的保留关键字

and	as	assert	break
class	continue	def	del
elif	else	except	finally
for	from	false	global
if	import	in	is
lambda	nonlocal	not	none
or	pass	raise	return
try	true	while	with
yield			

2. 变量赋值

Python 中的变量无须进行类型声明，变量的类型取决于被赋予的值的类型，所以使用 Python 中的变量前必须赋值，变量被赋值后才会被创建，每个变量在内存中创建时都会包含变量的标识、名称和数据信息。在命名变量时，变量名并不是任意设置的，需要遵守以下变量命名规则。

- 由字母、下划线“_”和数字组成，并且第一个字符不能是数字。
- 变量名中应慎用大写字母“I”和大写字母“O”。
- 变量名应选用与值相关且有意义的单词。
- 变量名不能使用 Python 中的保留关键字。

变量赋值

由于 Python 是一个动态类型的语言，因此在使用过程中变量的类型会根据值类型的不同而改变。变量的赋值通过等号“=”实现，语法格式如下：

```
str=value
```

参数说明如下：

- str：表示变量名。
- value：表示变量的值。

任务实施

第一步：分别定义一个名为 name 和 age 的变量，并分别为其赋值，然后打印到控制台，代码如下：

```
name="emily"
age=28
print("姓名：%s，年龄：%s"%(name,age))
```

结果如图 2-5 所示。

```
姓名：emily，年龄：28
```

图 2-5　变量赋值

第二步：定义名为 wages 的变量，并将用户输入的内容赋值给 wages，代码如下：

```
wages=input("请输入工资：")
print("工资为：%s"%wages)
```

结果如图 2-6 所示。

```
请输入工资：5500
工资为：5500
```

图 2-6　接收用户输入赋值给变量

任务 3　计算并输出结果

任务要求

运算符是一些特殊符号或由一些特殊符号组成的具有特定功能的符号，主要用于数学计算、逻辑计算等。Python 中的主要运算符包括算术运算符、比较（关系）运算符、赋值运算符、位运算符、成员运算符和身份运算符。本任务将学习如何使用这些运算符完成特定任务并熟悉各种运算符的应用场景与使用方法，任务实现思路如下：

（1）接收用户键盘输入三角形、圆形及正方形的相关数据，并转换为 int 类型。

（2）计算三角形、圆形及正方形的面积。

知识提炼

1. 运算符

（1）算术运算符。算术运算符主要用于对数字类型的数据进行数学计算，由算术运算符组成的表达式称为算术表达式。常见的算术运算符见表 2-4。

表 2-4　常见的算术运算符

运算符	说明
+（加）	计算两个对象的和
-（减）	计算两个对象的差
*（乘）	计算两个对象的乘积
/（除）	计算两个对象的商
%（取模）	返回余数
**（幂）	计算幂运算后的结果
//（整除）	计算返回商的整数部分（向下取整）

下面通过一个案例讲解算术运算符的使用方法，示例代码如下：

```
x=20
y=11
z=0

z=x+y                          #加“+”运算
print('x+y的值为：',z)          #打印加“+”运算结果

z=x-y                          #减“-”运算
print('x-y的值为：',z)          #打印减“-”运算结果

z=x*y                          #乘“*”运算
print('x*y的值为：',z)          #打印乘“*”运算结果

z=x/y                          #除“/”运算
print('x/y的值为：',z)          #打印除“/”运算结果

z=x%y                          #取余“%”运算
print('x%y的值为：',z)          #打印取余“%”运算结果

z=x**y                         # 幂运算“**”，计算 x 的 y 次方
print('x**y的值为：',z)         #打印幂运算“**”运算结果

z=x//y                         #整除“//”运算，计算x整除y的结果
print('x//y的值为：',z)         #打印x整除y的结果
```

结果如图 2-7 所示。

（2）比较运算符。比较运算符常用于比较两个数字类型对象的值，返回值是一个布尔值（True 或 False）。由比较运算符组成的表达式称为逻辑表达式。常见的比较运算符见表 2-5。

```
x+y的值为： 31
x-y的值为： 9
x*y的值为： 220
x/y的值为： 1.8181818181818181
x%y的值为： 9
x**y的值为： 204800000000000
x//y的值为： 1
```

图 2-7 算术运算符示例结果

表 2-5 常见的比较运算符

运算符	说明
==（等于）	比较两个对象是否相等
!=（不等于）	比较两个对象是否不相等
>（大于）	比较左侧对象是否大于右侧对象
<（小于）	比较左侧对象是否小于右侧对象
>=（大于等于）	比较左侧对象是否大于等于右侧对象
<=（小于等于）	比较左侧对象是否小于等于右侧对象

下面通过一个案例讲解比较运算符的使用方法，示例代码如下：

```
x=20
y=10
z=True

z=x==y                              #比较x是否等于y
print('x是否等于y', z)              #输出比较结果

z=x!=y                              #比较x是否不等于y
print('x是否不等于y', z)            #输出比较结果

z=x>y                               #比较x是否大于y
print('x是否大于y', z)              #输出比较结果

z=x<y                               #比较x是否小于y
print('x是否小于y', z)              #输出比较结果

z=x>=y                              #比较x是否大于等于y
print('x是否大于等于y', z)          #输出比较结果

z=x<=y                              #比较x是否小于等于y
print('x是否小于等于y', z)          #输出比较结果
```

比较运算符

结果如图 2-8 所示。

```
x是否等于y False
x是否不等于y True
x是否大于y True
x是否小于y False
x是否大于等于y True
x是否小于等于y False
```

图 2-8 比较运算符示例结果

（3）赋值运算符。赋值运算符主要用于为变量赋值，最常用的方式是使用等号“=”将右侧的值赋值给左边的变量，也能够通过其他运算符将运算结果直接赋值给左侧对象。常见的赋值运算符见表 2-6。

表 2-6　常见的赋值运算符

运算符	说明
=	简单的赋值运算符
+=	加法赋值运算符
-=	减法赋值运算符
*=	乘法赋值运算符
/=	除法赋值运算符
%=	取模赋值运算符
**=	幂赋值运算符
//=	取整除赋值运算符

下面通过一个案例讲解赋值运算符的使用方法，示例代码如下：

```
x=25
y=15
z=0

z=x+y                         #计算x+y的结果并赋值给z
print('z的结果为：', z)        #打印z的结果

x+=y                          #计算x+=y的结果并赋值给x
print('x的结果为：', x)        #打印x的结果

x-=y                          #计算x-=y的结果并赋值给x
print('x的结果为：', x)        #打印x的结果

x*=y                          #计算x*=y的结果并赋值给x
print('x的结果为：', x)        #打印x的结果

x/=y                          #计算x/=y的结果并赋值给x
print('x的结果为：', x)        #打印x的结果

x%=y                          #计算x%=y的结果并赋值给x
print('x的结果为：', x)        #打印x的结果

x**=y                         #计算x**=y的结果并赋值给x
print('x的结果为：', x)        #打印x的结果

x//=y                         #计算x//=y的结果并赋值给x
print('x的结果为：', x)        #打印x的结果
```

结果如图 2-9 所示。

（4）逻辑运算符。逻辑运算符主要用于对两个布尔值对象进行运算，返回值仍然是布尔值，由于逻辑表达式的返回值是布尔类型，因此逻辑运算符能够针对两个逻辑表达式进行运算。常见的逻辑运算符见表 2-7。

```
z的结果为： 40
x的结果为： 40
x的结果为： 25
x的结果为： 375
x的结果为： 25.0
x的结果为： 10.0
x的结果为： 1000000000000000.0
x的结果为： 66666666666666.0
```

图 2-9 赋值运算符示例结果

表 2-7 常见的逻辑运算符

运算符	含义
and	逻辑与
or	逻辑或
not	逻辑非

- and。使用 and 运算符连接的两个表达式结果都为 True（真），结果返回 True（真），其他所有组合均返回 False（假）。and 运算符使用的示例代码如下：

```
x=12
y=6
z=6
print("x>y: ",x>y)                    #比较x是否大于y
print("x>z: ",x>z)                    #比较x是否大于z
print("x>y and x>z:",x>y and x>z)     #使用and运算计算两个逻辑表达式
```

结果如图 2-10 所示。

```
x>y:  True
x>z:  True
x>y and x>z: True
```

图 2-10 and 运算符示例结果

- or。使用 or 运算符连接两个表达式时，当两个表达式返回结果均为 False（假）时，返回 False（假），否则返回 True（真）。or 运算符使用的示例代码如下：

```
x=12
y=6
z=6
print("x>y: ",x>y)                    #比较x是否大于y
print("x<z: ",x<z)                    #比较x是否小于z
print("x>y or x<z:",x>y or x<z)       #使用or运算计算两个逻辑表达式
```

结果如图 2-11 所示。

```
x>y:  True
x<z:  False
x>y or x<z: True
```

图 2-11 or 运算符示例结果

- not。not 运算符用于取反操作，若表达式返回 True（真），使用 not 后返回 False（假），否则返回 True（真）。or 运算符使用的示例代码如下：

```
x=12
y=6
z=6
print("x>y: ",x>y)                              #比较x是否大于y
print("x>z: ",x>z)                              #比较x是否大于z
print("x>y and x>z:",x>y and x>z)               #使用and运算符计算符两个逻辑表达式
print("not(x>y and x>z):",not(x>y and x>z))     #使用not运算符计算两个逻辑表达式
```

结果如图 2-12 所示。

```
x>y:  True
x>z:  True
x>y and x>z: True
not(x>y and x>z): False
```

图 2-12　not 运算符示例结果

（5）位运算符。计算机中内存中的所有数据都是以二进制的形式存储的，位运算符主要用于直接对二进制位进行操作。比如，and 运算符本来是一个逻辑运算符，但整数与整数之间也可以进行 and 运算。举个例子，6 的二进制是 110，11 的二进制是 1011，那么 6 and 11 的结果是 2，它是二进制对应位进行逻辑运算的结果（0 表示 False，1 表示 True，空位都当 0 处理）。常见的位运算符见表 2-8。

表 2-8　常见的位运算符

运算符	说明
&（按位与运算符）	参与运算的两个值，如果两个相应位都为 1，则该位的结果为 1，否则为 0
|（按位或运算符）	只要对应的两个二进位有一个为 1，结果就为 1
^（按位异或运算符）	当两个对应的二进位相异时，结果为 1
~（按位取反运算符）	对数据的每个二进制位取反，即将 1 变为 0，将 0 变为 1
<<（左移动运算符）	对数据的各二进位全部左移若干位，由“<<”右边的数字指定移动的位数，高位丢弃，低位补 0
>>（右移动运算符）	对数据的各二进位全部右移若干位，“>>”右边的数字指定了移动的位数

下面通过一个案例讲解位运算符的使用方法，示例代码如下：

```
x = 50                      #0011 0010
y = 12                      #0000 1100
c = 0

c = x & y
print("x&y的值为：",c)       #0000 0000

c = x | y
print("x| y的值为：",c)      #0011 1110

c = x ^ y
print("x^ y的值为：",c)      # 0011 1110

c = ~x
print("~x的值为：", c)       #0011 0011
```

```
c = x << 3
print("x<<3的值为：",c)                #0001 1001 0000
```

结果如图 2-13 所示。

```
x & y的值为： 0
x | y的值为： 62
x ^ y的值为： 62
~x的值为： -51
x<<3的值为： 400
```

图 2-13 位运算符示例结果

（6）成员运算符。成员运算符用于测试某个实例中是否包含了某个成员，可以使用在字符串、列表或元组。常见的成员运算符见表 2-9。

表 2-9 常见的成员运算符

运算符	说明
in	判断某个值在指定序列中是否存在，存在返回 True，否则返回 False
not in	判断某个值是否不包含在指定序列中，不包含返回 True，否则返回 False

下面通过一个案例讲解位运算符的使用方法，示例代码如下：

```
x = 20
y = 30
list = [1,2,3,4,5,6]
print(x in list)                #判断x的值是否包含在list中
print(y not in list)            #判断y的值是否不包含在list中
```

结果如图 2-14 所示。

```
False
True
```

图 2-14 成员运算符示例结果

（7）身份运算符。身份运算符主要用于比较两个对象的存储单元，比较方式有两种，分别为判断两个标识符是否引用自一个对象和判断两个标识符是否引用自不同对象。常见的身份运算符见表 2-10。

表 2-10 常见的身份运算符

运算符	说明
is	判断两个标识符是否引用自一个对象
is not	判断两个标识符是否引用自不同对象

下面通过一个案例讲解位运算符的使用方法，示例代码如下：

```
x = 30
y = 30
print(x is y)                   #判断标识x和y是否引用自一个对象
print(x is not y)               #判断标识x和y是否引用自不同对象
```

结果如图 2-15 所示。

```
True
False
```

图 2-15 身份运算符示例结果

（8）运算符优先级。运算符优先级是指不同运算符出现在同一个表达式时，运算符的执行顺序。运算符优先级见表 2-11。

表 2-11 运算符优先级

运算符	说明
**	指数（最高优先级）
~ + -	按位翻转，一元加号和减号（最后两个的方法名为 +@ 和 -@）
* / % //	乘、除、取模和取整除
+ -	加法、减法
>><<	右移、左移运算符
&	位 'AND'
^ |	位运算符
<= <>>=	比较运算符
<> == !=	等于运算符
= %= /= //= -= += *= **=	赋值运算符
is、is not	身份运算符
in、not in	成员运算符
not、and、or	逻辑运算符

2. 类型转换函数

类型转换函数是一系列能够将一个对象的数据类型转换为其他类型的函数，比如将数值类型转换为字符串类型等。类型转换函数见表 2-12。

表 2-12 类型转换函数

函数	说明
int(x)	将 x 转换成整数类型
float(x)	将 x 转换成浮点数类型
complex(real, [,imag])	创建一个复数
str(x)	将 x 转换为字符串
repr(x)	将 x 转换为表达式字符串
eval(str)	计算在字符串中的有效 Python 表达式，并返回一个对象
chr(x)	将整数 x 转换为一个字符
ord(x)	将一个字符 x 转换为它对应的整数值
hex(x)	将一个整数 x 转换为一个十六进制的字符串
oct(x)	将一个整数 x 转换为一个八进制的字符串

转换类型时，被转换的值必须是有意义的值，比如 int 函数不能将非数字字符串转换为数值类型。

任务实施

第一步：编写程序，用户输入三角形的底边长度和高度，并分别赋值给 a 与 h，使用算术运算符计算三角形的面积，代码如下：

```
a = input("请输入三角形的底边长：")
h = input("请输入三角形的高：")
#将用户输入的数值类型字符串转换为数字
a = int(a)
h = int(h)
s = (a*h)/2
print("三角形的面积为：",s)
```

结果如图 2-16 所示。

```
请输入三角形的底边长：4
请输入三角形的高：4
三角形的面积为： 8.0
```

图 2-16 计算三角形面积

第二步：接收圆的半径，根据输入的半径计算圆的面积，并判断圆形的面积是否大于20，代码如下：

```
r = input("请输入圆的半径：")
#将用户输入的数值类型字符串转换为数字
pi = 3.14
r = int(r)
s = pi*r**2
print("圆形的面积为：",s)
print("圆的面积是否大于20：",s>20)
```

结果如图 2-17 所示。

```
请输入圆的半径：4
圆形的面积为： 50.24
圆的面积是否大于20： True
```

图 2-17 计算圆的面积

第三步：接收用户输入的正方形的边长，计算正方形的面积，示例代码如下：

```
h = input("请输入正方形边长：")
h = int(h)
s = h**2
print("正方形的面积为：",s)
```

结果如图 2-18 所示。

```
请输入正方形边长：12
正方形的面积为： 144
```

图 2-18 计算正方形面积

知识梳理与总结

通过对本项目的学习，完成 Python 基础知识的使用，并在实现过程中，了解 Python 语法、数据类型相关知识，熟悉输入与输出函数的使用以及变量的定义，掌握 Python 运算符以及类型转换函数的使用。

任务总体评价

通过学习本任务，看自己是否掌握了以下技能，在技能检测表中标出已掌握的技能。

评价标准	个人评价	小组评价	教师评价
（1）是否能够掌握变量定义与赋值			
（2）是否熟悉 Python 中的数据类型			

备注：A 为能做到；B 为基本能做到；C 为部分能做到；D 为基本做不到。

自主探究

1. 编写一个用于实现接收学生的姓名、年龄、班级信息并打印到控制台的程序。
2. 编写接收户输入的半径，并根据半径计算出圆的面积和周长的程序。

项目 3　Python 控制程序执行流程

项目概述

为什么家里的空气净化器在空气质量差时会提高转速，而空气质量较好时又降低转速？为什么自动挡汽车能够知道你在超车并且实现降挡操作？在登录微信时，微信是如何知道输入的账号密码是正确的？这些场景在生活中随处可见。本项目将通过认识程序结构、人机猜拳、计算 10 以内偶数和与使用循环解决数学问题解答上述疑惑。

教学目标

知识目标

- 了解 Python 中的程序结构。
- 熟悉每种程序结构的使用场景。
- 掌握选择结构与循环结构的语法规则。

技能目标

- 熟悉每种程序结构的不同应用场景。
- 掌握人机猜拳程序的实现方法。
- 掌握使用循环计算 10 以内偶数和的方法。
- 掌握使用循环嵌套解决数学类型问题的方法。
- 理解三种程序结构的实现方式。

任务 1　认识程序结构

任务要求

在学习过程中，需要了解 Python 中的程序结构，并熟知各种程序结构的执行流程和应用场景。本任务将了解并认识 Python 中的程序结构。

知识提炼

Python 语言中包含了三种程序的执行结构，分别为顺序结构、选择结构和循环结构，这也是在解决问题时最常用的三个处理方法。

1. 顺序结构

顺序结构是程序最简单的执行结构，程序会按照由上到下的顺序依次执行其中的语句，不需要考虑在不同条件下执行何种操作的问题。顺序结构如图 3-1 所示。

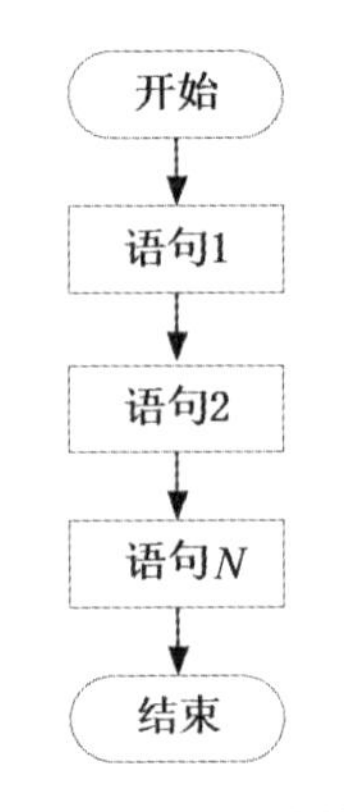

图 3-1 顺序结构

2. 选择结构

选择结构是指根据不同的条件判断该执行哪段程序去完成任务，比如在登录微信时会输入账号和密码，如果密码输入错误则提示登录失败，密码输入成功则提示登录成功。选择结构如图 3-2 所示。

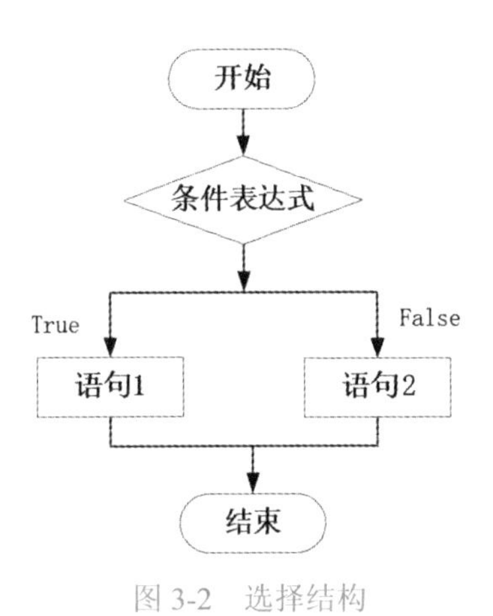

图 3-2 选择结构

课程思政：三思而后行，谨慎每一个选择

我们常说做事情一定要反复思考，慎重地作出每一个决定，在权衡好一切利弊之后再去行动。这就叫作“三思而后行”。这句话我们都十分熟悉，但其中真正的含义却鲜有人知。这里的“三思”具体又指什么？

三思而后行

在汉语词典中，对于这句话的解释是：凡事都要经过反复考虑再去做。这里的“三”代表的是“再三、多次”的意思。这也是当初孔子在教育徒弟时说的话，告诫他们做事情一定要多考虑后果，不要盲目冲动，以免造成无法挽回的损失。

出处

这句话出自《论语•公冶长》：“季文子三思而后行。子闻之，曰：‘再，斯可矣。’”前半句我们都明白，是在说季文子做事的时候会反复思考才行动。

3. 循环结构

循环结构是指在某种情况下反复执行某段代码，其中被反复执行的代码段称为循环体。循环结构主要负责完成重复性的工作。循环结构如图 3-3 所示。

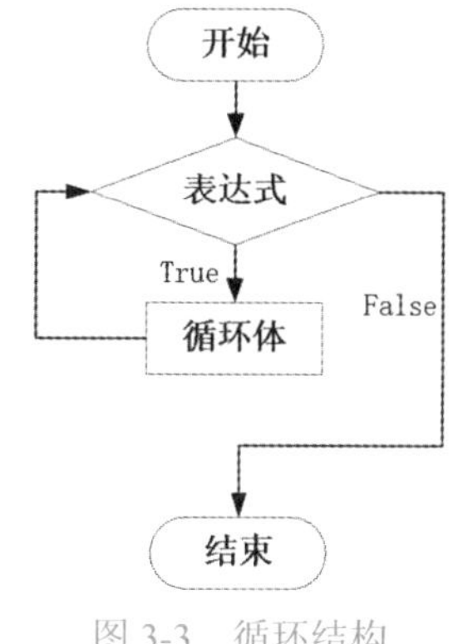

图 3-3 循环结构

任务实施

以每月地铁票费用计算程序为例，现已知地铁票价按照距离分为四个等级，第一个等级为距离小于等于 6 公里，票价为三元；第二个等级为距离大于 6 公里，小于等于 12 公里，票价为 4 元；第三个等级为距离大于 12 公里，小于等于 22 公里，票价为 5 元；第四个等级为距离大于 22 公里，票价为 6 元。现专门为通勤人员推出优惠政策，通勤总票价在 0 ～ 100 元价格区间内的票价按原价收取，100 ～ 150 元价格区间内的票价按 8 折收取，150 ～ 400 元价格区间内的票价按 5 折收取，通勤总票价在 400 元以上的部分按原价收取。

现在需要编写用于计算每个月地铁通勤总票价的程序，此程序可以多人使用。将每个月通勤天数设置为 20 天，每天乘坐地铁的次数为两次，根据用户输入的距离计算一个月的通勤总费用。

根据上述需求设计计算程序需要组合应用三种程序结构。

（1）顺序结构，用于实现设置固定通勤天数和初始通勤费用以及用于接收用户输入的距离。

（2）选择结构，用于实现判断当前是否处于优惠范围，优惠力度属于哪个价格区间，不同价格区间根据优惠政策实现总票价的累加。

（3）循环结构，用于实现计算的次数，比如每月 20 天，每天两次，需要设置两层循环，外层循环负责控制天数，从第一天循环到第二十天；内层循环负责控制次数，从第一次循环到第二次。

任务 2　人机猜拳

任务要求

人机猜拳要实现的主要功能是程序随机出拳（石头、剪刀或布），然后接收用户要出的拳并判断人与程序谁赢谁输或是平局，规则为石头赢剪刀、剪刀赢布、布赢石头。人机猜拳程序实现思路如下：

（1）定义使用数字 1、2、3 分别代表石头、剪刀、布，并输入屏幕给用户提示。

（2）接收用户的输入信息。

（3）计算机使用随机数方式随机生成 1、2、3 中的一个数字。

（4）使用 if 判断“人”与“机”的输赢，并输出结果。

知识提炼

选择结构的程序主要用于根据不同条件执行不同操作的场景，在 Python 中选择结构使用 if 语句实现，if 语句包含三种形式，即 if（单分支语句）、if...else（双分支语句）和 if...elif...else（多分支语句）。

1. 单分支语句

单分支语句是 Python 最简单的实现选择结构的方法，使用 if 语句实现。if 语句称为单分支语句，能够根据条件表达式返回的结果判断要执行的代码块，类似于汉语中“如果……就……”的关系。语法格式如下：

```
if 表达式:
  语句块
```

参数说明如下：

- 表达式：可以为一个布尔类型的变量、比较表达式或逻辑表达式，即返回值为 True 或 False 的表达式。
- 语句块：当表达式的返回值为 True 时执行的语句，若表达式返回结果为 False，则跳过该语句块执行后面的代码。

if 单分支语句执行流程如图 3-4 所示。

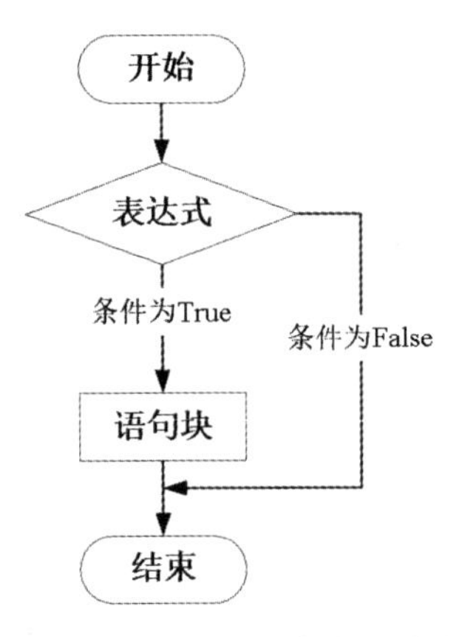

图 3-4 if 单分支语句执行流程

当程序开始时，首先判断表达式的结果是否为 True，如果结果为 True，则执行语句块并在语句块执行结束后结束判断；如果表达式结果为 False，则不执行语句块直接结束判断。

使用单分支语句实现判断用户输入的年份是否为闰年，当用户输入的年份为闰年时，输出“您输入的年份为闰年”，否则不输出任何结果，代码如下：

```
year = int(input("请输入年份："))
if ((year % 4 == 0) and (year % 100 != 0)) or (year % 400 == 0):
  print("%d 是闰年" % year)
```

结果如图 3-5 所示。

```
请输入年份：2000
2000 是瑞年
```

图 3-5 判断用户输入的是否为闰年

2. 双分支语句

双分支语句用于实现当条件成立与不成立时各执行何种操作，双分支语句使用

if...else。例如，今天下雨就开车去上班，不下雨就坐公交去上班，类似于汉语中的“如果……就……否则……”，语法格式如下：

```
if 表达式:
  语句块1
else:
语句块2
```

参数说明如下：

- 表达式：可以为一个布尔类型的变量、比较表达式或逻辑表达式，即返回值为True 或 False 的表达式。
- 语句块 1：当表达式的返回值为 True 时执行的语句。
- 语句块 2：当表达式的返回值为 False 时执行的语句。

双分支语句执行流程如图 3-6 所示。

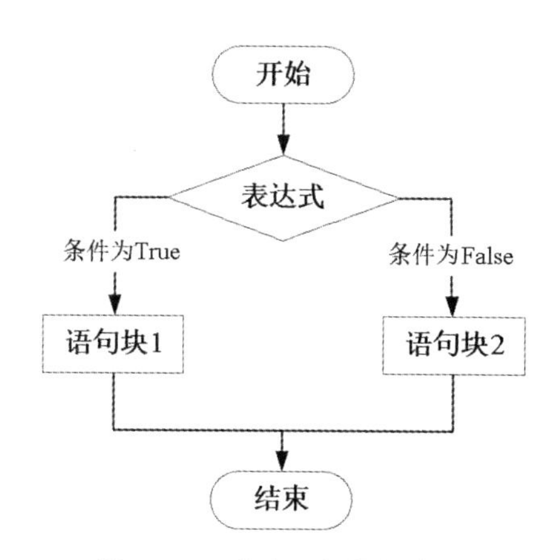

图 3-6　双分支语句执行流程

当程序开始执行后，首先判断表达式的返回结果为 True 还是 False，当表达式的结果为 True 时，执行语句块 1 后结束；当表达式返回结果为 False 时，执行语句块 2 后结束。

使用双分支语句判断用于输入的数值是否为偶数，当用户输入的值为偶数时输出“您输入的为偶数”，否则输出“您输入的数不是偶数”，代码如下：

```
number = input("请输入一个整数")
if int(number)%2 == 0:
  print("您输入的为偶数")
else:
  print("您输入的数不是偶数")
```

结果如图 3-7 和图 3-8 所示。

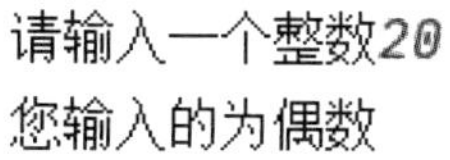

```
请输入一个整数20
您输入的为偶数
```

图 3-7　输入偶数的结果

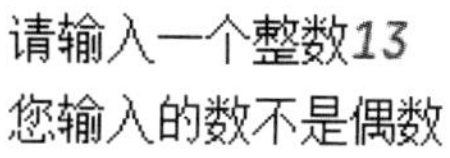

```
请输入一个整数13
您输入的数不是偶数
```

图 3-8　输入奇数的结果

3. 多分支语句

多分支语句可以包含多个条件表达式，能够根据多个不同的条件执行不同的操作，是一种多者选其一的操作，使用 if...elif...else 实现，语法格式如下：

```
if 表达式1:
  语句块1
```

```
elif 表达式 2:
  语句块2
... #可有多个elif
else:
语句块3
```

上述语法可判断哪个表达式的结果为真，并执行对应的语句块，其他语句块不执行，其中 elif 可以有多个。执行流程如图 3-9 所示。

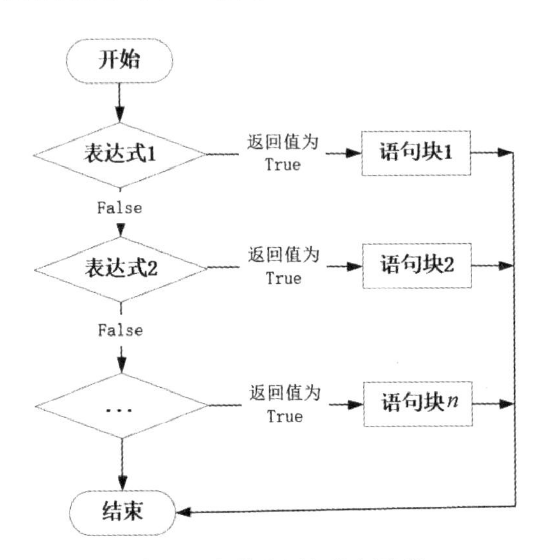

图 3-9　多分支语句执行流程

程序开始后会按照表达式的顺序依次判断，当表达式 1 的结果为 True 时，执行语句块 1 后结束，当表达式 1 结果为 False 时，判断表达式 2 的结果；当表达式 2 的结果为 True 时，执行语句块 2 后结束，当表达式 2 的结果为 False 时，判断下一个表达式，依此类推。

使用多分支语句，根据用户输入的考试成绩输出不及格、良好和优秀，代码如下：

```
grades= input("输入成绩")
if int(grades)<60:
  print("不及格")
elif int(grades) >= 60 and int(grades) <= 80:
  print("良好")
elif int(grades) >80 and int(grades) <=100:
  print("优秀")
```

结果如图 3-10 所示。

```
输入成绩80
良好
```

图 3-10　判断成绩等级

4. if 语句嵌套

if 语句嵌套用于比较复杂逻辑判断，在满足外层条件的情况下，还需要判断内层的条件语句才能执行最终的代码。例如明天下雨就乘坐公共交通工具去上班，不下雨就骑车去上班。乘坐公共交通工具还有很多选项，如果路上堵车严重可乘坐地铁，如果不堵车可乘坐出租车。骑车上班还要考虑选择哪个品牌的自行车等。上述三种分支结构语句能够实现自由嵌套。if 语句嵌套的语法格式如下：

```
if表达式 1:
    if 表达式 2:
        语句块 1
    else:
        语句块 2
elif 表达式 4
    if 表达式 5:
        语句块 3
    elif 表达式 6
        语句块 4
```

使用 if 语句嵌套实现判断驾驶人是否喝酒，并在确定喝酒后判断是酒后驾驶还是醉酒驾驶，代码如下：

```
alcoholcontent = int(input("输入每100mL血液酒精含量："))
if alcoholcontent < 20:
    print("驾驶人不构成酒驾")
else:
    if alcoholcontent < 80:
        print("驾驶人已构成酒后驾驶")
    else:
        print("驾驶人已构成醉酒驾驶")
```

结果如图 3-11 所示。

```
输入每100ml血液酒精含量：50
驾驶人已构成酒后驾驶
```

图 3-11 判断驾驶人是否饮酒

if 语句嵌套

任务实施

第一步：编写程序接收用户输入的数字（代表想要出的拳，使用 1 代表石头、2 代表剪刀、3 代表布），代码如下：

```
print('(1)石头')
print('(2)剪刀')
print('(3)布')
gameplayer = int(input('请输入您要出的拳：'))
print('玩家出拳：',gameplayer)
```

结果如图 3-12 所示。

```
(1) 石头
(2) 剪刀
(3) 布
请输入您要出的拳：2
玩家出拳： 2
```

图 3-12 用户输入要出的拳

第二步：实现计算机随机出拳，需要用到随机数函数。使用 randint 函数随机生成 1 ～ 3 三个数字中的任意一个，作为计算机出的拳，代码如下：

```
import random
gamecomputer = random.randint(1,3)
print('计算机出拳：',gamecomputer)
```

结果如图 3-13 所示。

第三步：为了便于查看玩家和计算机出的是什么拳，修改代码，将数字转换为汉字输出到控制台中，代码如下：

```
if gameplayer == 1:
    print('玩家出拳为：石头')
elif gameplayer == 2:
    print('玩家出拳为：剪刀')
else:
    print('玩家出拳为：布')
if gamecomputer == 1:
    print('计算机出拳为：石头')
elif gamecomputer == 2:
    print('计算机出拳为：剪刀')
else:
    print('计算机出拳为：布')
```

结果如图 3-14 所示。

```
(1) 石头
(2) 剪刀
(3) 布
请输入您要出的拳：2
玩家出拳： 2
计算机出拳： 3
```

图 3-13 计算机随机出拳

```
(1) 石头
(2) 剪刀
(3) 布
请输入您要出的拳：1
玩家出拳为：石头
计算机出拳为：石头
```

图 3-14 输出出拳汉字

第四步：判断输赢，考虑三种情况，第一种为玩家胜利，第二种为平局，第三种为计算机胜利，代码如下：

```
if ((gameplayer == 1 and gamecomputer==2) or
    (gameplayer == 2 and gamecomputer == 3) or
    (gameplayer == 3 and gamecomputer == 1)):
    print('玩家胜利')
elif (gameplayer == gamecomputer):
    print('平局')
else:
    print('计算机胜利')
```

结果如图 3-15 所示。

```
(1) 石头
(2) 剪刀
(3) 布
请输入您要出的拳：1
玩家出拳为：石头
计算机出拳为：剪刀
玩家胜利
```

图 3-15 实现猜拳

任务 3　计算 10 以内偶数和

任务要求

计算 10 以内偶数和程序需要设置循环从数字 1 开始到数字 9 结束，在循环过程中需要判断 1 ～ 9 数字中哪个数字为偶数，并将偶数全部进行累加。10 以内偶数和程序实现思路如下：

（1）循环输出 10 以内的实数。

（2）使用 if 语句判断哪个数为偶数。

（3）当循环到的数为偶数时，进行求和。

知识提炼

1. for 循环语句

for 循环语句主要用于实现计次循环，即知道循环次数或循环次数确定，常用于对枚举类型、序列类型和可迭代类型数据的循环遍历。for 循环语句语法格式如下：

```
for迭代变量 in对象:
循环体
```

参数说明如下：

- 迭代变量：从枚举类型、序列类型和可迭代类型数据中获取的每个元素。
- 对象：枚举类型、序列类型和可迭代类型的数据。
- 循环体：一般为对获取到的每个元素的操作。

for 循环语句执行流程如图 3-16 所示。

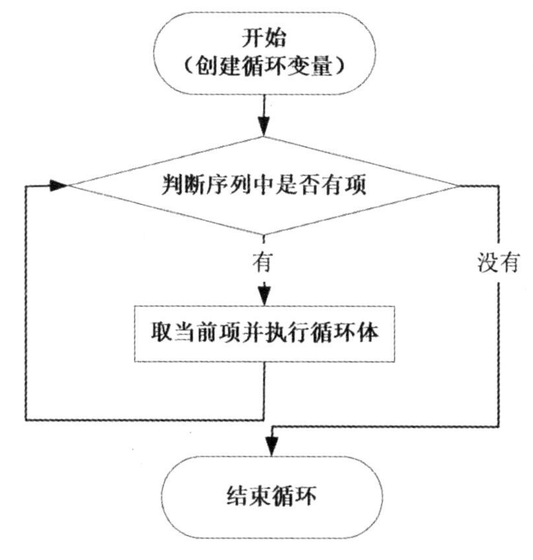

图 3-16　for 循环语句执行流程

使用 for 循环语句将字符 Hello Python 以每个字母占一行的形式打印到控制台，代码如下：

```
hp="Hello Python"
for str in hp:
    print(str)
```

结果如图 3-17 所示。

```
H
e
l
l
o
 
P
y
t
h
o
n
```

图 3-17 遍历字符串

从结构中可以看出字符串是一个可被遍历的字符序列，当使用 for 循环遍历字符串时，会使用字符串中的每个字符分别为 str 赋值，做到对字符串中的每个字符元素进行不同的操作，直到遍历到最后一个元素结束循环。

range() 函数是 Python 3 内置的一个函数，能够返回一个可迭代的对象，常与 for 循环语句一起使用，创建一个整数序列并在循环中对这个整数序列进行操作。range() 函数语法格式如下：

```
range(start, stop[, step])
```

参数说明如下：

- start：计数从 start 开始。默认从 0 开始。
- stop：计数到 stop 结束，但不包括 stop。
- step：步长，默认为 1。

2. while 循环语句

while 循环语句用于未知循环次数的场景，与 for 循环语句的区别为 while 循环语句通过条件控制循环是否继续，语法格式如下：

```
while 条件表达式:
    循环体
```

参数说明如下：

- 条件表达式：可以为一个布尔类型的变量、比较表达式或逻辑表达式，即返回值为 True 或 False 的表达式。
- 循环体：可以是单个语句或语句块。

while 循环语句执行流程如图 3-18 所示。

程序开始执行后首先判断条件表达式的结果是否为 True，当结果为 True 时执行循环体，循环体执行完毕后，重新判断条件表达式的结果，当为 True 时继续执行循环体，当为 False 结束循环，不执行循环体。在循环体中需要修改条件表达式的结果，否则条件表达式一直为 True 会造成死循环（一直循环不结束）。

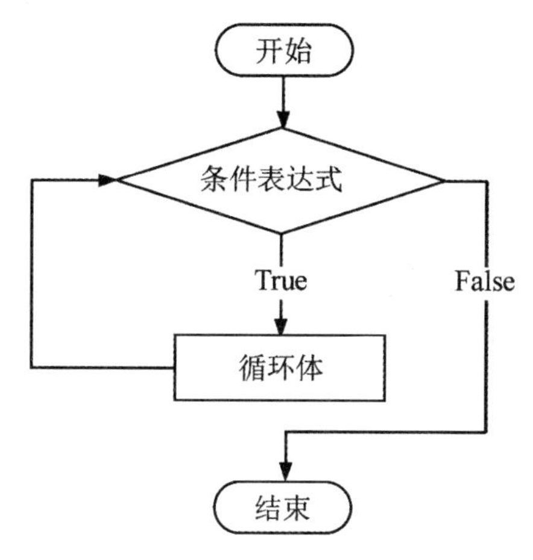

图 3-18 while 循环语句执行流程

任务实施

第一步：编写用于输出 10 以内实数的循环语句，使用 range() 函数生成包含数值类型数据的可迭代对象，内容为 10 以内的实数，代码如下：

```
for i in range(1,10):
    print(i)
```

结果如图 3-19 所示。

```
1
2
3
4
5
6
7
8
9
```

图 3-19 10 以内的实数

第二步：在循环外设置一个变量以存储累加后的和，并在循环中加入判断，判断当前数值是否为一个偶数，若为偶数则相加，代码如下：

```
sum = 0
for i in range(1,10):
    if i%2==0:
        sum=sum+i
print("10以内偶数累加和为：",sum)
```

结果如图 3-20 所示。

```
10以内偶数累加和为： 20
```

图 3-20 10 以内偶数累加和

程序中使用 for 循环语句遍历用 range() 函数生成的 10 以内的数值类型的可迭代对象，

并且循环中使用 if 语句判断当前的数字是否为偶数，若为偶数，则使用 sum=sum+i 进行累加求和。

第三步：使用 while 循环语句输出 10 以内的实数，代码如下：

```
i = 1
while i<10:
    print(i)
    i=i+1
```

结果如图 3-21 所示。

```
1
2
3
4
5
6
7
8
9
```

图 3-21 10 以内的实数

第四步：在 while 循环语句中加入 if 语句判断当前循环到的数字是否为偶数，若为偶数，则将进行累加，实现累加前要设置一个用于保存累加和的变量，在每次循环到偶数时对偶数与该变量进行求和，并重新为该变量赋值，代码如下：

```
i=1
sum = 0
while i<10:
    if i%2==0:
        sum=sum+i
    i=i+1
print("10以内偶数和为：",sum)
```

结果如图 3-22 所示。

```
10以内偶数和为： 20
```

图 3-22 使用 while 循环语句计算偶数和

任务 4 循环嵌套解决数学问题

任务要求

循环嵌套解决数学问题任务中包含两个数学问题：一是百钱买百鸡，程序默认定义三种鸡，每种鸡有不同的价格，其中公鸡 1 元一只、母鸡 3 元一只、小鸡 0.5 元一只，要求使用程序计算出使用 100 元买到 100 只鸡的所有买法组合；二是鸡兔同笼问题，程序默认设置鸡有两只脚，兔子有四只脚，接收用户输入的总头数和总脚数计算出鸡和兔子的数量，实现思路如下：

（1）使用 while 循环设置循环输出菜单，并在选择退出程序时退出循环。

（2）完成百钱买百鸡程序，找到所有买法，计算公式为 x+3×y+0.5×z==100。

（3）根据用户输入的头数和脚数分别计算出鸡和兔子的数量，解决鸡兔同笼问题时需要接收用户输入的总头数 a 和总脚数 b，并设置鸡的数量为 x，那么兔子的数量为 y=a-x，其中 x 是一个未知数，使用循环语句从 1 开始遍历到 a，每次循环 x+1，并为 x 赋值。然后使用 if 语句判断公式 2x+4y==b 是否成立，若成立，则分别输出 x 和 y，即鸡和兔的数量。

知识提炼

1. 循环嵌套

循环嵌套与 if 嵌套在使用方法上类似，在 for 或 while 循环中再嵌套 for 或 while 循环，能够实现任意形式的嵌套。常见的嵌套方式如下：

（1）双层 for 循环嵌套。

```
#for 循环嵌套 for 循环
for 迭代变量 1 in 对象 1:
  for 迭代变量 2 in 对象 2:
    循环体 2
  循环体 1
```

（2）双层 while 循环嵌套。

```
#while 循环嵌套 while 循环
while 条件表达式 1:
  while 条件表达式 2:
    循环体 2
  循环体 1
```

（3）for 循环中嵌套 while 循环。

```
#for 循环嵌套 while 循环
for 迭代变量 in 对象：
  while 条件表达式：
    循环体 2
  循环体 1
```

（4）while 循环嵌套 for 循环。

```
#while 循环嵌套 for 循环
while 条件表达式：
  for 迭代变量 in 对象：
    循环体 2
  循环体 1
```

使用循环嵌套能够解决比较复杂的循环逻辑，比如常见的九九乘法表，需要用到两层循环嵌套，外层循环控制被乘数，内层循环控制乘数，代码如下：

```
for i in range(1,10):
    for j in  range(1,i+1):
      print("%d*%d=%2d"%(j,i,j*i),end=' ')
    print("")
```

结果如图 3-23 所示。

2. 循环控制语句

循环控制语句主要用于控制循环的执行，当满足一定条件时使用循环控制语句可退出循环体，不再执行后续循环；或跳出本次循环，执行下次循环等。循环控制语句主要包含 break 语句、continue 语句和 pass 语句。

```
1*1= 1
1*2= 2 2*2= 4
1*3= 3 2*3= 6 3*3= 9
1*4= 4 2*4= 8 3*4=12 4*4=16
1*5= 5 2*5=10 3*5=15 4*5=20 5*5=25
1*6= 6 2*6=12 3*6=18 4*6=24 5*6=30 6*6=36
1*7= 7 2*7=14 3*7=21 4*7=28 5*7=35 6*7=42 7*7=49
1*8= 8 2*8=16 3*8=24 4*8=32 5*8=40 6*8=48 7*8=56 8*8=64
1*9= 9 2*9=18 3*9=27 4*9=36 5*9=45 6*9=54 7*9=63 8*9=72 9*9=81
```

图 3-23 九九乘法表

（1）break 语句。break 语句能够实现终止当前 for 或 while 循环，例如一人晨练，预计绕公园跑十圈，在跑到第三圈时家人突然打电话让其回家，于是果断停止晨练。绕公园跑步相当于循环，因为家人打电话后停止了晨练相当于在循环中加入 break 语句退出了循环。break 语句在 for 和 while 循环中的使用方法如下：

```
for 迭代变量 in 对象 :
  循环体
  if 条件语句
    break
while 条件表达式 1:
  循环体
  if 条件表达式 2:
    break
```

其中 if 条件表达式用于控制循环退出的时间。

加入 break 语句后循环语句执行流程如图 3-24 和图 3-25 所示。

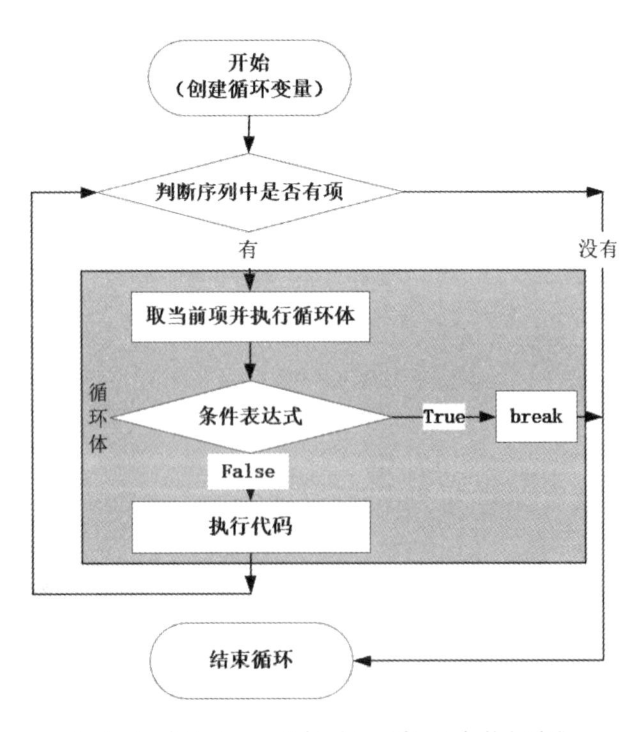

图 3-24 加入 break 语句后 for 循环语句执行流程

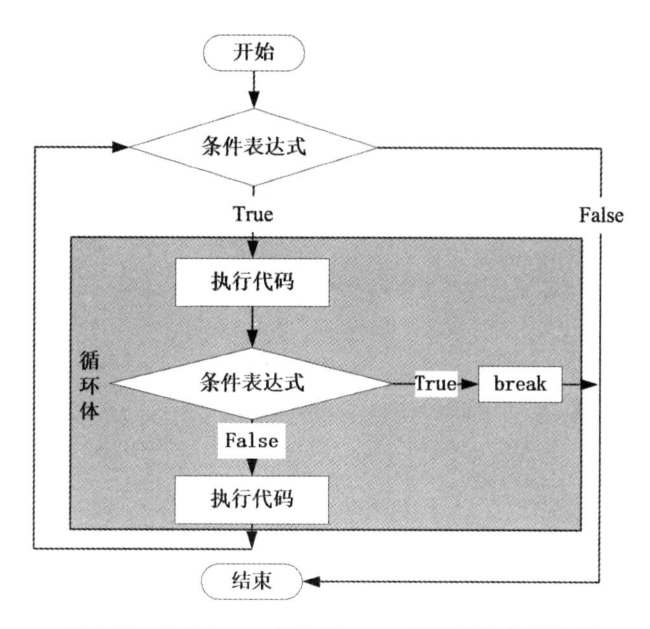

图 3-25 加入 break 语句后 while 循环语句执行流程

使用 for 循环找到 1 ～ 200 中满足除以 3 余 2、除以 5 余 3、除以 7 余 2 条件的第一个数，并在找到第一个数时退出循环，代码如下：

```
for number in range(1,200,1):
    print(number)
    if number%3 == 2 and number%5 == 3 and number%7 == 2:
      print("这个数为：",number)
      break
```

结果如图 3-26 所示。

```
18
19
20
21
22
23
这个数为：  23
```

图 3-26 解决数学问题

（2）continue 语句。continue 语句能够结束本次循环直接进入下一次循环，例如一个人在晨跑，预计绕公园跑十圈，当第二圈跑到一半时看到起点位置有朋友叫他，于是他直接回到起点重新与朋友一起跑。

break 语句在 for 和 while 循环中的使用方法如下：

```
for 迭代变量 in 对象：
  循环体
  if 条件语句
    continue
while 条件表达式 1:
  循环体
  if 条件表达式 2:
    continue
```

其中 if 条件语句用于控制结束本次循环进入下次循环的时间。

加入 continue 语句后循环语句执行流程如图 3-27 和图 3-28 所示。

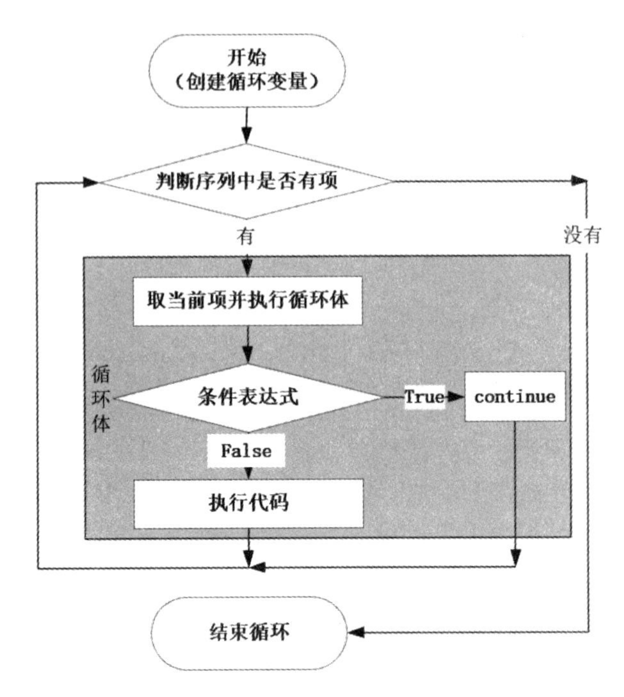

图 3-27 加入 continue 语句后 for 循环语句执行流程

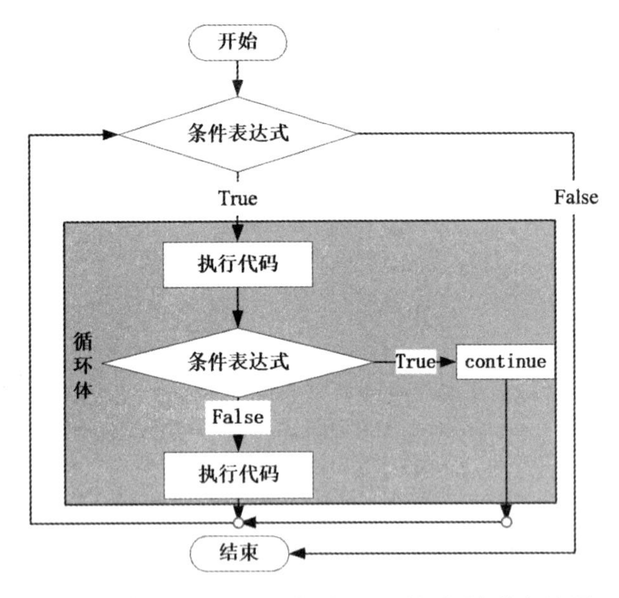

图 3-28 加入 continue 语句后 while 循环语句执行流程

使用 for 循环中加入 continue 语句的方式计算 50 以内的偶数和，当循环到奇数时退出本次循环，进入下次循环，代码如下：

```
total = 0
for i in range(50):
    if i%2 == 1:
        continue
    total=total+i
print("50以内的偶数和为：",total)
```

结果如图 3-29 所示。

```
50以内的偶数和为：  600
```

图 3-29　50 以内的偶数和

（3）pass 语句。Python 中的 pass 语句主要起占位的作用，表示空语句，不执行任何操作，能够保证代码的完整性，如 if 语句后还没有想好该做什么处理，如果不填写代码会报错，此时可以使用 pass 语句填充，获取 10 以内的偶数并打印到控制台，当不是偶数时且还没想好该如何处理时，可使用 pass 语句占位，保证程序能够正常运行，代码如下：

```
total = 0
for i in range(10):
    if i%2 == 0:
      print(i)
    else:
      pass
```

结果如图 3-30 所示。

```
0
2
4
6
8
```

图 3-30　输出 10 以内的偶数

任务实施

第一步：设置菜单选项，内容包含计算鸡兔同笼和百钱买百鸡，并使用 while 循环使菜单执行后不会自动退出，代码如下：

```
while True:
  prompt = """
  1. 计算鸡兔同笼
  2. 计算百钱买百鸡
  3. 退出
  选择要进行的操作按回车键确认："""
  choice = int(input(prompt))
```

结果如图 3-31 所示。

第二步：在 while 循环中使用 if 语句判断用户要执行的操作，当为 1 时计算鸡兔同笼，当为 2 时计算百钱买百鸡，当为 3 时退出，代码如下：

```
if choice == 1:
    print('计算鸡兔同笼')
    pass                              #占位待开发
elif choice == 2:
    print('计算鸡兔同笼')
    pass                              #占位待开发
```

```
else:
    print(退出)
    pass                          #占位待开发
```

```
1. 计算鸡兔同笼
2. 计算百钱买百鸡
3. 退出
选择要进行的操作按回车键确认:

1. 计算鸡兔同笼
2. 计算百钱买百鸡
3. 退出
选择要进行的操作按回车键确认:

1. 计算鸡兔同笼
2. 计算百钱买百鸡
3. 退出
选择要进行的操作按回车键确认:

1. 计算鸡兔同笼
2. 计算百钱买百鸡
3. 退出
选择要进行的操作按回车键确认:
```

图 3-31 设置菜单选项

结果如图 3-32 所示。

```
    1. 计算鸡兔同笼
    2. 计算百钱买百鸡
    3. 退出
    选择要进行的操作按回车键确认:1
计算鸡兔同笼

    1. 计算鸡兔同笼
    2. 计算百钱买百鸡
    3. 退出
    选择要进行的操作按回车键确认:2
计算百钱买百鸡

    1. 计算鸡兔同笼
    2. 计算百钱买百鸡
    3. 退出
    选择要进行的操作按回车键确认:3
退出
```

图 3-32 判断用户要进行的操作

第三步：完成计算鸡兔同笼程序，程序中需要接收的总头数使用变量 a 表示，总脚数使用变量 b 表示，并使用 for 循环遍历所有可能性，最后使用公式 2 * x + 4 * y=b 验证，x 表示鸡的数量，y 表示兔的数量，代码如下：

```
a = int(input('输入共有多少头'))
b = int(input('输入共有多少只脚'))
```

```
for x in range(1,a):
    y = a - x
    if 2 * x + 4 * y == b:
        print("鸡有" + str(x) + "只", "兔有" + str(y) + "只")
```

结果如图 3-33 所示。

```
        1. 计算鸡兔同笼
        2. 计算百钱买百鸡
        3. 退出
        选择要进行的操作按回车键确认：1
输入共有多少头35
输入共有多少只脚94
鸡有23只 兔有12只

        1. 计算鸡兔同笼
        2. 计算百钱买百鸡
        3. 退出
        选择要进行的操作按回车键确认：
```

图 3-33 计算鸡兔同笼

第四步：完成百钱买百鸡程序，公鸡 1 元一只、母鸡 3 元一只、小鸡 0.5 元一只，用程序计算 100 元买到 100 只鸡的所有可能性，代码如下：

```
count = 0
x = 0
while x <= 100:
    y = 0
    while y <= 33:
        z = 0
        while z <= 100:
            if x + y + z == 100 and x + 3 * y + 0.5 * z == 100:
                count += 1
                print('公鸡', x, '母鸡', y, '小鸡', z)
            z += 1
        y += 1
    x += 1
print('共有：', count, '种买法')
```

结果如图 3-34 所示。

```
公鸡 80 母鸡 4 小鸡 16
公鸡 85 母鸡 3 小鸡 12
公鸡 90 母鸡 2 小鸡 8
公鸡 95 母鸡 1 小鸡 4
公鸡 100 母鸡 0 小鸡 0
共有： 21 种买法
```

图 3-34 百钱买百鸡

第五步：退出程序代码，当用户输入除 1 和 2 以外的选项时退出系统，使用 break 语句并提示退出系统，完整代码如下：

```
while True:
    prompt = """
    1. 计算鸡兔同笼
    2. 计算百钱买百鸡
    3. 退出
    选择要进行的操作按回车键确认："""
    choice = int(input(prompt))
    if choice == 1:
        a = int(input('输入共有多少头'))
        b = int(input('输入共有多少只脚'))
        for x in range(1,a):
            y = a - x
            if 2 * x + 4 * y == b:
                print("鸡有" + str(x) + "只", "兔有" + str(y) + "只")
    elif choice == 2:
        count = 0
        x = 0
        while x <= 100:
            y = 0
            while y <= 33:
                z = 0
                while z <= 100:
                    if x + y + z == 100 and x + 3 * y + 0.5 * z == 100:
                        count += 1
                        print('公鸡', x, '母鸡', y, '小鸡', z)
                    z += 1
                y += 1
            x += 1
        print('共有：', count, '种买法')
    else:
        break
print('程序已退出')
```

结果如图 3-35 所示。

```
        1. 计算鸡兔同笼
        2. 计算百钱买百鸡
        3. 退出
        选择要进行的操作按回车键确认：3
程序已退出
```

图 3-35 退出程序

知识梳理与总结

通过对本项目的学习，分别完成人机猜拳、计算 10 以内偶数和与使用循环嵌套解决数学问题的程序，并在实施过程中，熟悉选择结构与循环结构以及两种结构的实现方法和语法，熟悉并掌握 if 的单分支和多分支实现方法，掌握 for 循环与 while 循环和循环嵌套以及相应的循环控制语句的使用方法。

任务总体评价

通过学习本任务，看自己是否掌握了以下技能，在技能检测表中标出已掌握的技能。

评价标准	个人评价	小组评价	教师评价
（1）是否能够理解每种程序结构的应用场景			
（2）是否能够参照源代码或根据提示的思路完成人机猜拳小游戏			
（3）是否能够参照源代码或任务思路完成计算 10 以内偶数和的程序			
（4）是否能够使用循环嵌套完成解决数据问题的程序			

备注：A 为能做到；B 为基本能做到；C 为部分能做到；D 为基本做不到。

自主探究

1．使用 while 循环嵌套的方式实现九九乘法表。

2．使用任意循环方式实现 1 ～ 100 的质数求和。

项目4　Python数据结构

项目概述

使用字符串、列表、元组、字典与集合能够保存程序在运行过程中必备的一些数据，根据不同的数据保存需求选择不同方式进行保存。本项目将详细介绍每种数据结构的特点与创建、使用方式。

教学目标

知识目标

- 了解Python中的数据结构。
- 熟悉每种数据结构的特点。
- 掌握每种数据结构的创建、使用方式。

技能目标

- 熟悉每种数据结构中保存数据的特点。
- 掌握实现进货清单管理的方法。
- 掌握使用列表与元组实现音乐播放器功能的方法。
- 掌握使用字典与集合实现用户注册登录功能的方法。

任务1　进货清单管理

任务要求

进货清单管理系统的主要功能是记录每次进货的名单，接收用户输入的货物名称并保存为一个字符串，每种货物使用一个空格作为分隔符，程序启动后开始接收用户输入的货物名称并与缺货清单进行比较，若在缺货清单中则入库，否则不入库，直到用户输入的内容为空时退出系统，并打印出本次进货的所有名单。进货清单管理系统实现思路如下：

（1）创建缺货清单。

（2）使用while循环控制程序监控到用户输入为空时退出系统。

（3）若此次输入的货物在进货清单中，则拼接字符串，否则继续输入。

（4）退出时打印出本次所进所有货物。

知识提炼

1. 字符串编码与解码

计算机中存储的数据都是以二进制形式存在的，编码和解码是一种二进制和字符的映射关系，例如字母p的ASCII码为112，在计算机中存储的二进制值为01110000，在需要显示到屏幕上时并不能直接显示二进制数字，需要显示p，此时就需要用到解码。解码与编码的说明如下：

- 编码：真实字符与二进制串的对应关系，真实字符→二进制串。
- 解码：二进制串与真实字符的对应关系，二进制串→真实字符。

编码与解码方法见表4-1。

表4-1 编码与解码方法

方法	说明
encode	真实字符→二进制串
decode	二进制串→真实字符

语法格式如下：

```
str.encode([encoding="utf-8"][,errors="strict"])
bytes.decode([encoding="utf-8"][,errors="strict"])
```

参数说明如下：

- str：要进行转换的字符串。
- bytes：要进行转换的二进制。
- encoding="utf-8"：可选参数，指定用于转换时使用的字符编码，默认为UTF-8。
- errors="strict"：可选参数，指定错误处理方式，有四个可选值，分别为strict（默认值，代表当遇到非法字符后抛出异常）、ignore（忽略非法字符）、replace（使用“?”替换非法字符）、xmlcharrefreplace（使用XML的字符引用）。

接收用户输入的字符，使用UTF-8将字符转换为二进制，并将二进制值重新转换为字符，示例代码如下：

```
str = input("请输入字符：")
bytes = str.encode()
print(bytes)
print("解码后：",bytes.decode("utf-8"))
```

结果如图4-1所示。

```
请输入字符：李白
b'\xe6\x9d\x8e\xe7\x99\xbd'
解码后： 李白
```

图4-1 编码与解码

2. 字符串运算符

字符串运算符是指通过一些符号的组合完成对字符串的拼接、截取、重复输出等。Python中的常用字符串运算符见表4-2。

表 4-2 常用字符串运算符

运算符	说明
+	字符串连接
*	重复输出字符串
[]	通过索引获取字符串中的字符
[:]	截取字符串中的一部分
in	如果字符串中包含给定的字符，返回 True
not in	如果字符串中不包含给定的字符，返回 True
r/R	字符串中的所有字符均以字面意思使用，不对特殊符号进行转义

分别定义两个字符串，分别赋值为 Hello Python 和“你好 Python”，使用上述字符串运算符进行拼接等操作，代码如下：

```
a = "Hello Python"
b = "你好Python"
print(a+"~"+b)                    #将字符串a与b拼接，并在中间加入“~”
print(a*2)                        #将字符串a输出两次
print(a[2])                       #获取字符串a中索引为2的下标
print(a[2:4])                     #截取字符串a索引2至索引4的字符
```

结果如图 4-2 所示。

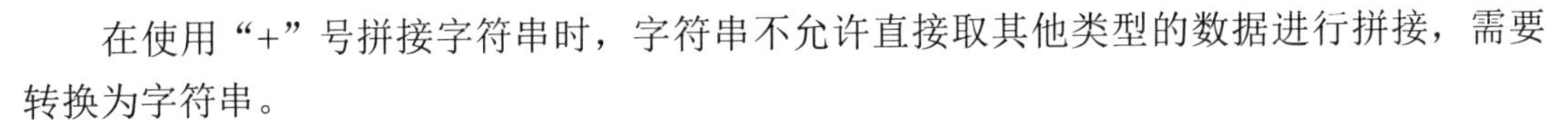

```
Hello Python~你好Python
Hello PythonHello Python
l
ll
```

图 4-2 字符串运算符

在使用“+”号拼接字符串时，字符串不允许直接取其他类型的数据进行拼接，需要转换为字符串。

3. 字符串内建函数

Python 包含很多用于对字符串进行操作的函数，称为字符串内建函数，其实现了 string 模块的大部分方法。Python 中的常用字符串内建函数见表 4-3。

表 4-3 字符串内建函数

函数	说明
count()	返回指定字符序列在测试字符串中出现的次数
find()	检查指定字符序列是否包含在测试字符串中
index()	与 find 功能一致，当字符序列不包含在测试字符串中时会报错
capitalize()	将字符串首字母转换为大写
lower()	将字符串转换为小写
upper()	将字符串转换为大写
lstrip()	删除字符串左侧空格
rstrip()	删除字符串右侧空格
strip()	删除字符串首尾空格
split()	以指定符号分隔字符串
join()	将字典中的每个字符串元素以指定符号分隔并合并为一个新字符串

上述函数可根据功能分为四类，分别为检索函数、大小写转换函数、去空格函数和分割合并函数。

（1）检索函数。检索函数主要用于查找字符串中的某段字符序列，主要包含 count()、find() 和 index() 函数。

- count()。count() 函数用于检索一个字符串在另一个字符串中出现的次数，语法格式如下：

```
string.count(sub,start=0,end=len(string))
```

参数说明如下：

✓ string：原始字符串。

✓ sub：搜索的字符串。

✓ start：可选参数，默认为 0，字符串开始搜索的位置，字符串第一个字符的索引为 0。

✓ end：可选参数，默认为字符串的最后一个值，字符串结束搜索的位置，字符串第一个字符的索引为 0。

- find()。find() 函数用于检索一个字符是否包含在另一个字符串中，如果包含在指定字符串中，则返回在字符串中开始的索引值，否则返回 -1。find() 函数语法格式如下：

```
string.find(sub, start=0, end=len(string))
```

参数说明如下：

✓ string：原始字符串。

✓ sub：指定检索的字符串。

✓ start：开始搜索的位置索引，默认为 0。

✓ end：结束搜索的位置，默认搜索到字符串结束。

- index()。index() 函数与 find() 函数功能基本一致，区别在于当 index() 函数没有在原始字符串查找到内容时会报错。index() 函数语法格式如下：

```
string.index(str, start=0, end=len(string))
```

参数说明如下：

✓ string：原始字符串。

✓ str：指定检索的字符串。

✓ start：开始搜索的位置索引，默认为 0。

✓ end：结束搜索的位置，默认搜索到字符串结束。

（2）大小写转换函数。Python 提供了用于对字符串进行大小写转换的函数，分别为 capitalize()、lower() 和 upper() 函数。大小写转换如图 4-3 所示。

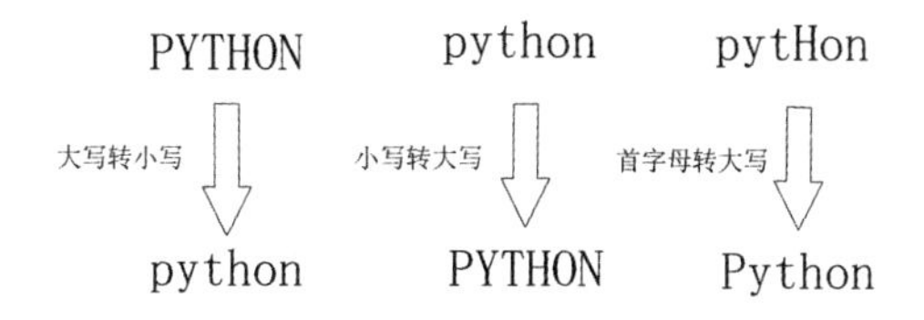

图 4-3 大小写转换

大小写转化函数主要针对 26 个英文字母大小写转换。

- capitalize()：能够将字符串中索引为 0 的字符串转换为大写，字符串内其他字符均转为小写。
- lower()：能够将字符串中全部大写字母转换为等价的小写字母，若字符串中没有需要转换的字符则返回原字符串，否则返回一个新的字符串，并将字符串内的每个大写字母转换为等价的小写字母。

- upper()：能够将字符串中全部小写字母转换为等价的大写字母，若字符串中没有需要转换的字符则返回原字符串，否则返回一个新的字符串，并将字符串内的每个小写字母转换为等价的大写字母。

上述三个函数的语法格式如下：

```
string.capitalize()
string.lower()
string.upper()
```

参数说明如下：

- string：表示要操作的字符串。

（3）去空格函数。在接收用户输入的字符串时可能因为输入错误导致字符串内包含多余的空格。去除字符串空格如图 4-4 所示。

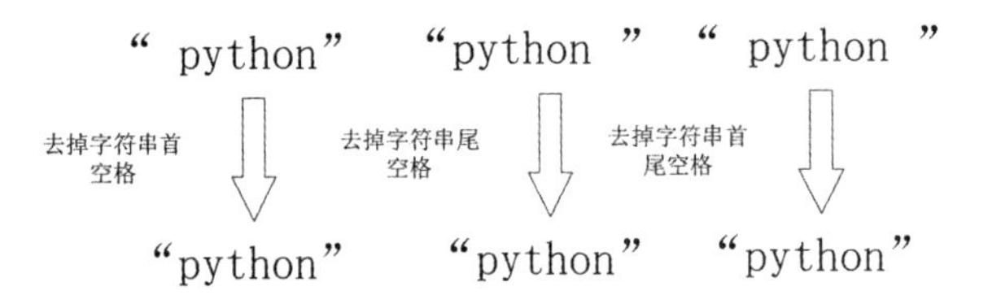

图 4-4 去除字符串空格

Python 提供三个用于去除字符串内空格的函数，分别为 lstrip()、rstrip() 和 strip() 函数。lstrip() 函数能够去除字符串头部的空格，并返回一个新字符串，如果字符串头部没有空格，则直接返回原字符串；rstrip() 函数能够去除字符串尾部的空格，并返回一个新字符串，如果字符串尾部没有空格则直接返回原字符串；strip() 函数能够去除字符串首尾的空格，并返回一个新字符串，如果字符串首尾没有空格则直接返回原字符串。语法格式如下：

```
string.lstrip()
string.rstrip()
string.strip()
```

参数说明如下。

- string：表示要操作的字符串。

（4）分割合并函数。Python 为字符串对象提供了用于合并和分割的方法，分别为 split() 拆分和 join() 合并函数。拆分和合并字符串如图 4-5 所示。

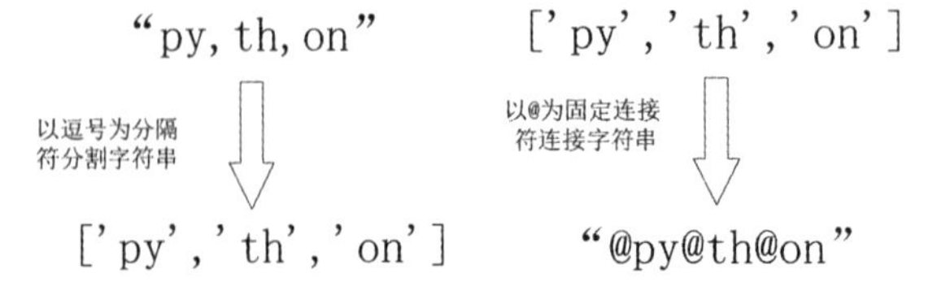

图 4-5 拆分和合并字符串

split() 函数与 join() 函数语法格式如下：

- split()。split() 函数用于按照指定符号分割字符串，并将分割后的内容组成字符串列表，列表中的元素不包含分割符。split() 函数语法格式如下：

```
string.split(sep,maxsplit)
```

参数说明如下：

✓ string：表示要操作的字符串。

✓ sep：指定分隔符，分隔符可以有多个。

✓ maxsplit：可选参数，用于指定分隔次数，默认分割次数无限制。

- join()。join() 函数用于将字符串列表中的字符按照指定分隔符连接为一个字符串，并返回一个多行的字符串，join() 函数语法格式如下：

```
stringnew = string.join(iterable)
```

✓ stringnew：合并后的字符串。

✓ string：指定合并时使用的分隔符。

✓ iterable：可迭代对象（字段等），迭代对象中的所有元素合并为新字符串。

4. 格式化字符串

格式化字符串是指对字符串按照预先设置好的模板进行输出样式的转换，模板中使用特殊符号（占位符）预留空位，然后使用字符串替换占位符。Python 中的常用格式化字符串方法有“%”操作符和 format() 方法。

（1）“%”操作符。Python 中可以使用“%”构建字符串格式化模板，实现字符串格式转换，语法格式如下：

```
'%[-][+][0][m][.n]格式化字符'%exp
```

参数说明如下：

- -：可选参数，用于指定左对齐。
- +：可选参数，用于指定右对齐。
- 0：可选参数，表示右对齐，用 0 填充空白处（一般与 m 一起使用）。
- m：可选参数，表示占有宽度。
- .n：可选参数，表示小数点后保留的小数位数。
- exp：要转换的项，如果需要指定多项，需要通过元组的形式指定。
- 格式化字符：用于指定类型，常用格式化字符见表 4-4。

表 4-4 常用格式化字符

格式字符	说明	格式字符	说明
%s	字符串	%r	字符串
%c	单个字符	%o	八进制整数
%d 或 %i	十进制整数	%e	指数（基底数为 e）
%x	十六进制整数	%E	指数（基底数为 E）
%f 或者 %F	浮点数	%%	字符 %

（2）format() 方法。Python 2.6 之后的版本加入了 format() 方法对字符串进行格式化操作，是目前比较常用的字符串格式化方法，使用“%”对字符串进行格式化常在程序开发阶段用 print() 方法格式化测试输出结果时使用。format() 方法语法格式如下：

```
string.format(args)
```

string 表示格式化字符串时使用的模板，args 表示要进行转换的项，多项可使用逗号分隔。在创建格式化模板时需要使用“{}”和“:”指定占位符。模板创建语法格式如下：

```
{[index][:[[sign][#][.precision][type]]}
```

参数说明如下：

- index：可选参数，用于指定格式化对象在列表中的位置。

- sign：可选参数，用于指定有无符号数，“+”表示正数加正数，负数加负号；“-”表示正数不变，负数加负号；值为空表示正数加空格，负数加负号。
- “#”：可选参数，对二进制、八进制和十六进制的数据加“#”会添加 0b/0o/0x 前缀。
- .precision：可选参数，指定用于保留的小数位数。
- type：可选参数，用于指定格式化符，常用格式字符见表 4-5。

表 4-5 常用格式字符

格式字符	说明
S	对字符串类型格式化
D	十进制整数
C	将十进制整数自动转换成对应的 Unicode 字符
e 或 E	进行科学记数后再格式化
g 或 G	自动在 e/E 和 f/F 中切换
b	将十进制整数自动转换成二进制再进行格式化
o	将十进制整数转换为八进制再进行格式化
x 或 X	将十进制整数转换为十六进制再进行格式化
f 或 F	转换为浮点数后进行格式化（默认保留六位小数）
%	显示百分比（默认保留 6 位小数）

任务实施

第一步：设置初始进货单字符串，字符串中包含需要购进的所有货物，每个货物之间使用空格分隔，代码如下：

```
#设置补货清单
inpurorder = "iphone12macbook罗技G502华硕GTX2060super"
print(inpurorder.split(","))
```

结果如图 4-6 所示。

```
['iphone12 macbook 罗技G502 华硕GTX2060super']
```

图 4-6 进货清单

第二步：接收仓库管理员输入的进货清单，接收时循环接收用户输入，当用户不输入任何内容时结束输入，并在用户输入过程中判断此次购进的货物是否在补货清单中，代码如下：

```
#接收用户输入数据
userpurchase = input("请输入货物名称：")
#初始化进货清单
purchase = ""
#判断用户是否输入内容，如果有内容输入则继续，无输入则结束
while len(userpurchase)>0:
  if userpurchase in purorder:
    #将用户输入的内容拼接到进货清单
    purchase = purchase+""+userpurchase
    #接收用户输入的数据
    userpurchase = input("请输入货物名称：")
  else:
    userpurchase = input("请输入货物名称：")
打印进货清单
print("此次进货：",purchase)
```

结果如图 4-7 所示。

```
请输入货物名称：iphone12
请输入货物名称：
此次进货：    iphone12
```

图 4-7 进货

第三步：在初始化进货清单时，设置的进货清单为一个空格，通过最后的结果输出可看出该进货清单的头部包含一个多余的空格，使用 string.strip() 函数去掉左侧空格，代码如下：

```
purchase = purchase.strip()
print(purchase)
```

结果如图 4-8 所示。

第四步：为了方便查看，将进货清单中的商品以空格分隔符拆分，代码如下：

```
purchaselist = purchase.split("")
print(purchaselist)
```

结果如图 4-9 所示。

```
请输入货物名称：iphone12
请输入货物名称：
iphone12
```

图 4-8 去掉空格

```
请输入货物名称：iphone12
请输入货物名称：
['iphone12']
```

图 4-9 保存到列表

课程思政：团队精神，大局意识

一个团队如果只强调个人的力量，你表现得再完美，也很难创造很高的价值，所以说“没有完美的个人，只有完美的团队”。这一观点被越来越多的人所认可。个人再完美，也就是一滴水；一个团队、一个优秀的团队就是大海。小成功靠个人，大成功靠团队，无论是谁，在这个分工日益精细的时代，要想做成大事业、取得突出的业绩，就得学会跟别人合作，借助团队的力量取得胜利。每个时代都造就了无数英雄，我们都钦佩他们的个人成就。但事实上，任何一项巨大的成就并非他们当中单独的个人创造出来的，他们只是团队的一部分，巨大的成就属于团队。我国载人航天工程的成功就说明了这个道理。当我们在面对一个大项目时，需要团队来共同完成这个项目，你写一个功能函数，团队的成员写其他功能函数，团队之间要分工合作，团结协作，面对困难分而治之，逐个击破，要积极向上、具备奋发的精神力量，只有这样才能共同完成这个项目，单丝不成线，独木不成林。往往靠自己，不如团队做得好。

任务 2 音乐播放器

任务要求

音乐播放器主要分为三个模块，即播放网络歌单、我的歌单和退出系统，其中播放网络歌单模块中包含上一首、下一首、添加到我的歌单与返回主菜单功能。上一首功能需要判断当前歌曲是否已经为第一首，若当前播放的歌曲已经为第一首，则提示“已经是第一首了”，下一曲功能同理。添加到我的歌单功能需要将当前播放的歌曲的名称添加到我的歌单列表。我的歌单模块同样包含上一首、下一首与返回到主菜单功能，与网络歌单模块功能一致。最后一个功能为将当前播放的歌曲从我的歌单中删除。音乐播放器实现思路如下：

（1）创建初始网络歌单与我的歌单列表。

（2）完成主菜单功能，主菜单需要使用 while 循环保证一直运行，当用户选择退出时退出。

（3）网络歌单模块与我的歌单模块实现思路一致，需要输出二级菜单，根据用户输入的菜单选项，使用 if 判断调用不同的功能代码。

知识提炼

1. 创建列表

Python 中的列表与学生名单、晚会节目单等类似，由一系列按照特定顺序排列的元素组成，列表中可以包含数值、字符串、列表和元组等类型的元素，并且同一列表中可以同时包含多种类型的元素，每个元素之间互不影响，列表元素使用“[]”包裹，每对相邻元素之间使用“,”分隔。Python 中创建列表的方式有两种。

（1）赋值方式创建列表。赋值方式创建列表是指使用赋值符“=”创建列表，在创建列表时可同时为列表赋值或创建空列表，赋值方式创建列表的语法格式如下：

```
listname=[element1,element2,...,elementn]
```

其中，listname 表示列表名称；element1 表示列表中的元素。如果不填写列表元素，则创建空列表。

分别创建名为 stuname 和 stuage 的列表，并在创建的同时为列表中添加元素，代码如下：

```
stuname=['Aaron', 'Brown', 'Caleb']
stuage=[18,21,20]
```

课程思政：科技赋能发展，创新决胜未来

科技赋能发展，创新决胜未来，科技自立自强是促进发展大局的根本支撑。纵观人类发展历史，都离不开创新的作用，创新是国家和民族发展的重要力量之一，当然人类社会能得到这么快速的发展，与创新也是息息相关的。而且，科技是一种能够大力推动人类社会快速发展的力量，而且从世界上来看多次科技革命，可以知道科技的重要性，从某种意义上说，科技实力决定着世界政治经济力量对比的变化，也决定着各国各民族的前途命运。

高瞻远瞩的判断、审时度势的决策，为我们实施创新驱动发展战略、建设世界科技强国指引着方向。一大批重大科技创新成果竞相涌现，使得我国的发展进入了高速期。而加快科技创新，是构建新发展格局的需要，是推动高质量发展和实现人民高品质生活的需要。

我们未来的发展离不开科技的创新，科技创新是我们实现高质量发展的重要条件。要想建设现代化经济体系和进地变革等，就必须运用强大的科技力量来驱动。未来我国的科技发展将会使我国成为强国。

（2）将序列转换为列表。list 方法能够将序列形式的数据转换为列表，如字符串、元组或其他可迭代的对象。list 方法语法格式如下：

```
list[data]
```

其中，data 表示可迭代对象。

声明一个名为 py 的变量，并为变量赋值 hellopython，使用 list 方法将字符串中的每个字符转换为名为 python 的列表中的元素，代码如下：

```
py="hellopython"
python=list(py)
print(python)
```

结果如图 4-10 所示。

```
['h', 'e', 'l', 'l', 'o', 'p', 'y', 't', 'h', 'o', 'n']
```

图 4-10 序列转换为列表

2. 访问列表

访问列表是指获取列表中包含的所有或指定索引元素，访问列表的方式有三种，分别为索引访问、切片访问和遍历访问。

（1）索引访问。在包括列表在内的所有序列中，每个元素都有属于自己的编号（索引），从元素的起始位置开始，索引从 0 开始依次递增，如图 4-11 所示。

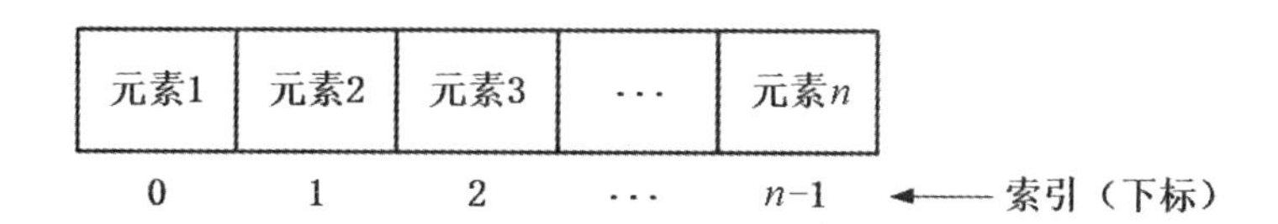

图 4-11 序列索引

通过索引能够访问序列中的任意元素。索引访问序列元素的语法格式如下：

```
list[indexes]
```

或

```
list[startindex:endindex]
```

参数说明如下：

- indexes：要获取的元素的索引号。
- startindex：开始获取的索引编号，与 endindex 一起使用。
- endindex：结束获取的索引编号，与 startinndex 一起使用。

获取列表 python 中索引为 2 的元素，并获取索引 3 至 5 的元素，代码如下：

```
print(python[2])
print(python[3:5])
```

上述讲解的索引访问序列的方式使用的均是正数索引，Python 同时支持使用负数索引访问序列的元素，正数索引的索引编号从 0 开始由左向右依次递增，负数索引编号从 -1 开始由右向左依次递减，即最后一个元素的索引编号为 -1，倒数第二个为 -2。负数索引如图 4-12 所示。

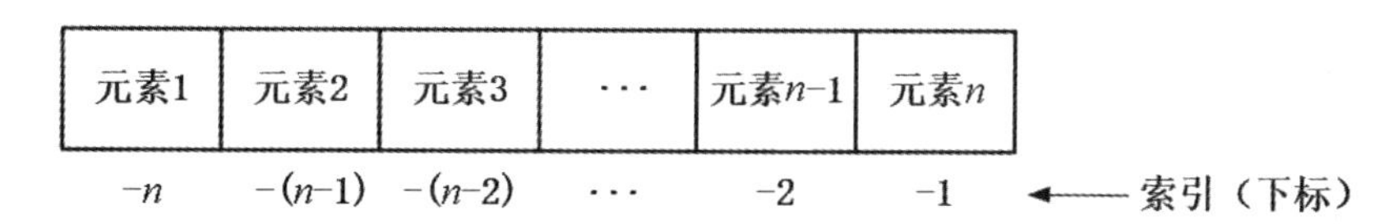

图 4-12 负数索引

使用负数索引获取 python 列表中的倒数第三个元素，代码如下：

```
print(python[-2])
```

（2）切片访问。切片访问是访问序列的第二种方式。切片能够访问一定范围的序列元素，切片完成后会返回一个新的序列，切片访问语法格式如下：

```
sname[start:end:step]
```

参数说明如下：

- sname：序列名称。
- start：开始切片的起始位置（结果包括该位置），默认为 0。
- end：切片的截止位置（输出结果不包括该位置），默认为序列的长度。
- step：切片步长，默认为 1。

使用切片方式访问列表 python 中的第一、第三、第五个元素，代码如下：

```
print(python[0:6:2])
```

（3）遍历访问。遍历访问是序列访问中比较常用的一种方式，通过遍历方式访问序列具有更强的操控性，能够对序列中的元素进行查找、修改和删除等操作。Python 提供了两种常用的序列遍历方法，即使用 for 循环遍历和使用 for 循环与 enumerate() 函数遍历列表。

1）使用 for 循环遍历。使用 for 循环遍历列表中的元素能够获取元素中的每个元素，for 循环遍历的方式仅能输出列表中元素。for 循环遍历列表的语法格式如下：

```
for item in listname:
  print(item)
```

参数说明如下：

- item：用于保存获取到的元素，需要输出元素时打印该变量即可。
- listname：列表名称。

定义一个名为 xiaobaichuan 的列表，使用 for 循环的方式遍历该列表，输出列表中的每个元素，代码如下：

```
xiaobaichuan=[ “蓝蓝的天空银河里，","有只小白船。"]
for item in xiaobaichuan:
  print(item)
```

结果如图 4-13 所示。

2）使用 for 循环与 enumerate() 函数遍历列表。与单独使用 for 循环遍历列表的区别在于，结合 enumerate() 函数能够输出索引和元素，语法格式如下：

```
for index,item in enumerate(listname):
   print(index,item)
```

参数说明如下：

- index：用于保存元素索引。
- item：用于保存元素。
- listname：表示列表名称。

使用 for 循环与 enumerate() 函数输出列表 xiaobaichuan 的元素和每个元素对应的索引，代码如下：

```
for index,item in enumerate(xiaobaichuan):
   print(index,item)
```

结果如图 4-14 所示。

```
蓝蓝的天空银河里，
有只小白船。
```

图 4-13　遍历列表

```
0 蓝蓝的天空银河里，
1 有只小白船。
```

图 4-14　使用 for 循环与 enumerate() 函数遍历列表

3. 元素操作

列表中的元素不是一成不变的，在实际使用过程中列表元素在程序运行时需要根据不同的条件改变数量和内容。Python 支持对列表中的元素进行添加、修改和删除操作，类似于数据库中的增删改操作。

（1）添加列表元素。向列表中添加元素是指向已有列表中追加新元素。Python 提供了三种方法向列表中追加元素，分别为 append()、extend() 和 insert() 方法。

1)append() 方法。append() 方法用于向列表的末尾追加新元素，append() 语法格式如下：

```
listname.append(obj)
```

参数说明如下：

- listname：表示要添加元素的列表名称。
- obj：表示要添加到列表 listname 中的元素。

使用 append() 方法向 xiaobaichuan 列表中追加歌词，并使用 for 循环和 enumerate() 函数输出列表内容，代码如下：

```
xiaobaichuan.append( "船上有棵桂花树")
for index,item in enumerate(xiaobaichuan):
    print(index,item)
```

结果如图 4-15 所示。

```
0 蓝蓝的天空银河里，
1 有只小白船。
2 船上有棵桂花树
```

图 4-15 向列表中添加元素

2）extend() 方法。extend() 方法用于在列表的末尾追加一个序列中的多个值，在使用 extend() 方法添加列表元素时，该方法不会将要添加到列表中的元组或列表视为一个整体，而是将每个元素分别插入列表中。extend() 语法格式如下：

```
listname.extend(obj)
```

参数说明如下：

- listname：表示要添加元素的列表名称。
- obj：表示要追加到列表末尾的元素。

在使用 extend() 方法添加元素时，当向列表中添加一个字符串时，extend() 方法会将字符串中的每个字符视为一个元素添加到列表中。向 xiaobaichuan 列表中添加元素的代码如下：

```
#向列表中追加字符序列
xiaobaichuan.extend("白兔在游玩")
print(xiaobaichuan)
#以列表形式追加元素
xiaobaichuan.extend(["桨儿桨儿看不见","船上也没帆"])
print(xiaobaichuan)
```

结果如图 4-16 所示。

```
['蓝蓝的天空银河里，', '有只小白船。', '船上有棵桂花树', '白', '兔', '在', '游', '玩']
['蓝蓝的天空银河里，', '有只小白船。', '船上有棵桂花树', '白', '兔', '在', '游', '玩
', '桨儿桨儿看不见', '船上也没帆']
```

图 4-16 尾部追加元素

3）insert() 方法。与前两个方法不同，insert() 方法能够在列表的任意位置插入元素，insert() 方法语法格式如下：

```
listname.insert(index,obj)
```

参数说明如下：

- listname：要添加元素的列表名称。
- index：插入元素的位置。
- obj：表示要追加到列表末尾的元素。

使用 insert() 方法插入元组和列表时，其会被当作一个整体插入列表中。向 xiaobaichuan 列表中插入元素，代码如下：

```
#向索引为1的位置插入元素
xiaobaichuan.insert(1,"python")
print(xiaobaichuan)

#向元素为3的位置插入列表
xiaobaichuan.insert(3, ['C++', 'Java'])
print(xiaobaichuan)
```

结果如图 4-17 所示。

```
['蓝蓝的天空银河里，', 'python', '有只小白船。', '船上有棵桂花树', '白', '兔', '在',
 '游', '玩', '桨儿桨儿看不见', '船上也没帆']
['蓝蓝的天空银河里，', 'python', '有只小白船。', ['C++', 'Java'], '船上有棵桂花树',
 '白', '兔', '在', '游', '玩', '桨儿桨儿看不见', '船上也没帆']
```

图 4-17 向指定位置添加元素

（2）修改元素。修改列表中的元素，直接通过索引获取元素值，并使用“=”为该元素重新赋值即可。修改 xiaobaichuan 列表中索引为 1 的元素值，代码如下：

```
xiaobaichuan[1] = '小白船'
print(xiaobaichuan)
```

结果如图 4-18 所示。

```
['蓝蓝的天空银河里，', '小白船', '有只小白船。', ['C++', 'Java'], '船上有棵桂花树',
 '白', '兔', '在', '游', '玩', '桨儿桨儿看不见', '船上也没帆']
```

图 4-18 修改元素

（3）删除元素。Python 提供了两种用于删除列表中元素的方法，分别为 del 关键字和 remove() 方法。

1）del 关键字删除元素。del 关键字能够根据索引删除指定列表中的元素或将该列表删除，当指定要删除的元素索引时，只删除列表中的指定元素；当 del 关键字后直接跟列表名称时，删除整个列表。del 关键字语法格式如下：

```
del listname[index]
```

参数说明如下：

- listname：要删除元素的列表名称或要删除的列表。
- index：列表中要删除的元素的索引，若不指定则删除整个列表。

使用 del 关键字删除 xiaobaichuan 列表中下标为 1 的元素，并打印删除元素后的列表，最后删除整个 xiaobaichuan 列表，代码如下：

```
#删除下标为1的元素
del xiaobaochuan[1]
print(xiaobaichuan)

#删除列表
del xiaobaichuan
print(xiaobaochuan)
```

结果如图 4-19 和图 4-20 所示。

```
['蓝蓝的天空银河里，', '有只小白船。', ['C++', 'Java'], '船上有棵桂花树', '白', '兔
', '在', '游', '玩', '桨儿桨儿看不见', '船上也没帆']
```

图 4-19 删除元素

```
Traceback (most recent call last):
  File "F:\桌面\markdown\pythonProject1\list.py", line 36, in <module>
    print(xiaobaichuan)
NameError: name 'xiaobaichuan' is not defined
```

图 4-20 删除列表

2）remove() 方法删除元素。使用 remove() 方法删除列表中的元素可以不知道要删除元素在列表中的位置，直接指定要删除的元素内容即可（按照元素值删除），remove() 方法语法格式如下：

```
listname.remove(obj)
```

参数说明如下：

- listname：要删除元素的列表名称。
- obj：要移除的列表对象。

创建名为 alist 的列表并添加列表元素，然后使用 remove() 方法删除指定元素值，代码如下：

```
alist = ['python', 'C', 'Java']
alist.remove('C')
print(alist)
```

结果如图 4-21 所示。

```
['python', 'Java']
```

图 4-21 删除指定元素

元素操作

4. 列表统计计算与列表元素排序

（1）列表统计计算。Python 为列表提供了内置函数，用于对列表进行统计计算等，主要包含获取列表长度、统计元素出现次数、获取指定元素出现的位置和统计数值列表的元素和等。常用列表统计函数见表 4-6。

表 4-6 常用列表统计函数

方法	功能
len()	获取列表长度
max()	获取列表中的最大值
min()	获取列表中的最小值
count()	统计指定元素出现的次数
index()	指定元素首次出现的位置
sum()	统计数值列表元素和

1）len() 方法。len() 方法能够获取指定列表的元素数，返回值为数值类型，获取到的元素数量 -1 等于该列表最大的索引值，len() 方法语句格式如下：

```
len(listname)
```

参数说明如下：

- listname 表示要获取元素数量的列表名称。

2）max() 方法。max() 方法能够获取指定数值类型列表中最大的元素值并返回，如果列表中最大值有多个，则只返回一个，max() 方法语法格式如下：

```
max(listname)
```

参数说明如下：

- listname 表示要获取最大元素值的列表名称。

3）min() 方法。min() 方法与 max() 方法相反，用于获取指定列表中的最小元素值，如果有多个则只返回一个，min() 方法语法格式如下：

```
min(listname)
```

参数说明如下：

- listname 表示要获取最小元素值的列表名称。

4）count() 方法。count() 方法用于获取指定元素在列表中出现的次数，仅能够进行精确匹配，count() 方法语法格式如下：

```
listname.count(obj)
```

参数说明如下：

- listnmae：表示要获取元素出现次数的列表。
- obj：列表中统计的对象。

5）index() 方法。index() 方法能够获取指定元素在列表中首次出现的位置，只能进行精确匹配，如果列表中不存在查找的对象则抛出异常，返回结果为列表下标，index() 方法语法格式如下：

```
listname.index(obj)
```

参数说明如下：

- listnmae：表示要获取元素出现次数的列表。
- obj：列表中统计的对象。

6）sum() 方法。sum() 方法能够统计出数值型列表中从指定位置开始到最后的元素值的和，sum() 方法语法格式如下：

```
sum(iterable,[start])
```

参数说明如下：

- iterable：表示要进行统计的列表。
- start：可选参数，表示进行计算的起始位置，默认为 0。

定义一个名为 achievement 的列表，其中包含学生的成绩，根据该列表使用上述方法进行操作，分别获取列表的元素数量、最高分、最低分、同分的数量、指定分数出现的次数和总分，代码如下：

```
#定义achievement列表
achievement = [89,98,98,99,100,50,30,20,60,65,89]

#获取列表元素数量
print(len(achievement))

#获取最高分和最低分
print(max(achievement))
print(min(achievement))

#统计有几个人取得98分
print(achievement.count(98))

#获取列表中第一个98分出现的位置
print(achievement.index(98))

#计算总分
print(sum(achievement))
```

结果如图 4-22 所示。

```
元素的数量为： 11
元素最大值为： 100
元素最小值为： 20
元素98出现的次数为： 2
第一个98元素出现的位置为： 1
元素和为： 798
```

图 4-22　列表统计计算

（2）列表元素排序。在实际开发中经常会遇到需要对列表中的元素进行排序的情况，Python 提供了两种方法对列表元素进行排序，即使用列表对象的 sort() 方法和使用 sorted() 函数，语法格式如下：

```
listname.sort(reverse=False)
sorted(listname,reverse=False)
```

参数说明如下：

- listname：表示要进行排序的列表名称。
- reverse：表示设置排序方式，默认设置为 False 为升序排序，设置为 True 为降序排序。

注意：使用 sort() 方法对列表进行排序会修改原列表，使用 sorted() 函数不会修改原列表。

使用 sort() 方法对 achievement 列表进行降序排序，使用 sorted() 函数进行升序排序，代码如下：

```
#使用sort()对achievement进行降序排序
```

```
achievement.sort(reverse=False)
print(achievement)

#使用sorted()函数进行升序排序
print(sorted(achievement,reverse=False))
```

结果如图 4-23 所示。

```
[100, 99, 98, 98, 89, 89, 65, 60, 50, 30, 20]
[20, 30, 50, 60, 65, 89, 89, 98, 98, 99, 100]
```

图 4-23　列表元素排序

5. 元组创建与删除

元组是一个与列表类似的数据结构，是 Python 中重要的数据结构之一。元组是一个不可变序列，一旦创建，其中的元素不能够进行更改。元组中的元素使用“()”括起来，相邻元素之间使用“,”分隔，元组中能够包含且可同时包含整数、字符串、列表和元组等类型的数据，每个元素之间相互独立、互不影响。元组与列表具有相同的访问方式，并且语法格式一致。创建元组的方式有两种，分别为赋值方式创建和使用 tuple() 函数创建。

（1）使用赋值方式创建元组。使用赋值方式创建元组与使用赋值方式创建列表的方式类似，使用赋值方式创建元组是指使用赋值符“=”创建元组，在创建时可同时为元组赋值或创建空元组，使用赋值方式创建元组的语法格式如下：

```
#创建包含元素的元组
tuplename = (element1, element2, ..., elementn)
#创建空元组
tuplename = ()
```

参数说明如下：

- tuplename：表示元组名称。
- element1：元组中的元素，可选参数，若不填写元素则创建空元组。

创建 wages 元组，同时为该元组添加元素，并使用 print 输出元组，代码如下：

```
wages = (4500,5500,8700,9400)
print("wages元组内容为：",wages)
```

结果如图 4-24 所示。

```
wages元组内容为： (4500, 5500, 8700, 9400)
```

图 4-24　创建元组

（2）使用 tuple() 函数创建元组。tuple() 函数能够将字符串、列表或其他可迭代的对象转换为元组，在将字符串转换为元组时 tuple() 函数会将字符串中的每个字符视为单独的元素添加到元组中。tuple() 函数使用方法如下：

```
tuple(data)
```

data 表示可以转换为元组的数据，包括字符串、元组或其他可迭代对象。

使用 tuple() 函数分别将字符串和列表转换为元组并输出结果，代码如下：

```
print("将字符串转换为元组")
str = "HelloPython"
tuplestr = tuple(str)
```

```
print(tuplestr)

print("将列表转换为元组")
wagestab = (4500,5500,8700,9400)
tuplewages=tuple(wagestab)
print(wagestab)
```

结果如图 4-25 所示。

```
将字符串转换为元组
('H', 'e', 'l', 'l', 'o', 'P', 'y', 't', 'h', 'o', 'n')
将列表转换为元组
(4500, 5500, 8700, 9400)
```

图 4-25　使用 tuple() 函数创建元组

（3）删除元组。Python 中元组的删除方法与列表一致，使用 del 关键字即可删除不需要的元组。使用 del 关键字删除 wagestab 元组，代码如下：

```
delwagestab
print(wagestab)
```

结果如图 4-26 所示。

```
Traceback (most recent call last):
  File "F:\桌面\markdown\pythonProject1\list.py", line 76, in <module>
    print(wagestab)
NameError: name 'wagestab' is not defined
```

图 4-26　删除元组

因为 Python 的垃圾回收机制会将无用的元组回收，所以该关键字在实际开发中并不常用。

6. 访问元组

元组与列表具有相同的访问方式，访问方式包括索引访问、切片访问和遍历访问。

（1）索引访问。使用索引访问元组与使用索引访问列表方法一致，可指定需要访问元素下标或不指定索引输出全部内容，当输出全部内容时，结果会使用小括号“()”括起来，当指定输出某元素时无小括号。创建 menu 元组并使用索引访问，代码如下：

```
menu = ('首页', '新闻', '简介', '关于我们')
print(menu)
print(menu[3])
```

结果如图 4-27 所示。

```
('首页', '新闻', '简介', '关于我们')
关于我们
```

图 4-27　索引访问

（2）切片访问。使用切片访问元组与使用切片访问列表相同。使用切片访问 menu 元组中的前三个元素，代码如下：

```
print(menu[:3])
```

结果如图 4-28 所示。

('首页', '新闻', '简介')

图 4-28 切片访问

（3）遍历访问。遍历访问可以使用 for 循环或使用 for 循环与 enumerate 函数实现，for 循环仅能获取元素值，for 循环与 enumerate 函数结合能够同时获得元素值和与元素对应的索引。使用遍历访问元组与使用遍历访问列表相同，使用两种方式遍历 menu 元组，代码如下：

```
print("for循环遍历元组")
for item in menu:
    print(item)

print("for循环和enumerate函数遍历元组")
For index,item in enumerate(menu):
    print(index,item)
```

结果如图 4-29 所示。

```
for循环遍历元组
首页
新闻
简介
关于我们
for循环和enumerate函数遍历元组
0 首页
1 新闻
2 简介
3 关于我们
```

图 4-29 遍历访问

7. 修改元组

元组是一个不可变的序列，不能单独修改元组中某个元素的值，只能对元组整体进行修改（对元组重新赋值），或通过连接两个元素的方式扩展元组中包含的元素（相当于对元组重新赋值）。

（1）对元组重新赋值。对元组重新赋值与通过赋值的方式创建元组在使用时并无区别，Python 会将新元组的内容以覆盖的方式赋值到元组达到修改的目的。使用重新赋值的方式修改 menu 元组的内容，代码如下：

```
print("原元组：",menu)

#修改元组
menu = ('账号注册','考试报名','成绩查询','信息管理','退出')
print("修改后的元组：",menu)
```

结果如图 4-30 所示。

```
原元组： ('首页', '新闻', '简介', '关于我们')
修改后的元组： ('账号注册', '考试报名', '成绩查询', '信息管理', '退出')
```

图 4-30 修改元组

（2）连接元组。元组虽然是一个不可变序列，但能够使用连接的方式对元组进行扩展，连接符使用“+”表示，元组连接等同于重新为元组赋值。使用连接的方式扩展 menu 元组，代码如下：

```
print("原元组：",menu)

#连接生成新元组
menu = menu + ('首页', '新闻', '简介', '关于我们')
print("连接后的元组：",menu)
```

结果如图 4-31 所示。

```
原元组： ('账号注册', '考试报名', '成绩查询', '信息管理', '退出')
连接后的元组： ('账号注册', '考试报名', '成绩查询', '信息管理', '退出
', '首页', '新闻', '简介', '关于我们')
```

图 4-31　连接元组

8. 列表与元组的区别

列表与元组均属于序列，并且都能够按照特定的顺序存储类型不受限制的一组元素。但列表与元组并不完全相同，列表与元组的具体区别如下：

- 列表是一个可变序列，能够单独修改其中的某个元素；而元组属于不可变序列，不能更改其中某个元素的值。
- 列表能够使用 Python 提供的内置方法添加、修改或移除元素；元组中并不包含此类方法，因为元组是不可变序列，不能修改。
- 列表能够通过切片的方式访问元素或进行修改；列表只能够通过切片访问元素值。
- 元组比列表访问速度快。
- 元组能够作为字典的键；列表不能。

任务实施

第一步：创建网络歌单的元组，元组中包含网络中的所有歌曲，并且用户不能修改。使用列表的方式创建“我的歌单”，初始状态下“我的歌单”为空，代码如下：

```
#网络歌单
onlinesongtup = ('虫儿飞','小燕子','捉泥鳅','外婆的澎湖湾','小老鼠上灯台','一闪一闪亮晶晶','小白兔乖
                乖','幸福拍手歌')
#我的歌单
mysonglist = ['小草','健康歌']
print()
```

结果如图 4-32 所示。

```
('虫儿飞', '小燕子', '捉泥鳅', '外婆的澎湖湾', '小老鼠上灯台', '一闪一闪亮晶晶', '小白兔乖乖
', '幸福拍手歌')
['小草', '健康歌']
```

图 4-32　创建歌单

第二步：创建音乐播放器管理菜单，音乐播放器管理菜单中包含网络歌单、我的歌单和退出播放器。

```
print("--" * 20)
print('''音乐播放器菜单
1：网络歌单
2：我的歌单
3：退出播放器''')
print("--" * 20)
```

结果如图 4-33 所示。

```
----------------------------------------
音乐播放器菜单
1：网络歌单
2：我的歌单
3：退出播放器
----------------------------------------
```

图 4-33 创建音乐播放器菜单

第三步：完成网络歌单播放功能，当用户选择第一个菜单选项时开始播放网络歌单中的歌曲，并设置新菜单内容，包括上一首、下一首、添加到我的歌单、返回上一级菜单，当用户输入不同的选项时完成对歌曲的操作，代码如下：

```
menu = int(input("请选择功能序号："))
if menu == 1:
  a = 0
  while True:
    if a >= 0 and a<len(onlinesongtup):
      print("当前播放的歌曲为：",onlinesongtup[a])
      print("--" * 20)
      print('''菜单
      1：上一首
      2：下一首
      3：添加到我的歌单
      4：返回上一级菜单''')
      print("--" * 20)
      menu = int(input("请选择功能序号："))
      if menu == 1:
        a = a-1
      elif menu == 2:
        a = a+1
      elif menu == 3:
        mysonglist.append(onlinesongtup[a])
        print("我的歌单：",mysonglist)
      else:
        break
    elif a < 0:
      print("已经是第一首歌了")
    elif a > len(onlinesongtup)-1:
      print("已经是最后一首了")
```

结果如图 4-34 所示。

```
----------------------------------------
音乐播放器菜单
1：网络歌单
2：我的歌单
3：退出播放器
----------------------------------------
请选择功能序号：1
当前播放的歌曲为：  虫儿飞
----------------------------------------
菜单
              1：上一首
              2：下一首
              3：添加到我的歌单
              4：返回上一级菜单
----------------------------------------
请选择功能序号：
```

图 4-34　完成网络歌单播放功能

第四步：编写我的歌单播放功能，主要包括上一首、下一首、删除和返回上一级菜单四个功能，编写菜单项，根据不同的选项完成对“我的歌单”的不同操作，并能够进行循环操作，代码如下：

```
elif menu == 2:
  a = 0
  while True:
    if a >= 0 and a<len(mysonglist):
      print( “当前播放的歌曲为：",mysonglist[a])
      print("--" * 20)
      print('''菜单
      1：上一首
      2：下一首
      3：删除
      4：返回上一级菜单''')
      print("--" * 20)
      menu = int(input("请选择功能序号："))
      if menu == 1:
        a = a-1
      elif menu == 2:
        a = a+1
      elif menu == 3:
        del mysonglist[a]
        print("我的歌单：",mysonglist)
      else:
         break
    elif a < 0:
      print("已经是第一首歌了")
    elif a > len(onlinesongtup)-1:
      print("已经是最后一首了")
```

结果如图 4-35 所示。

```
----------------------------------------
音乐播放器菜单
1：网络歌单
2：我的歌单
3：退出播放器
----------------------------------------
请选择功能序号：2
当前播放的歌曲为：  小草
----------------------------------------
菜单
            1：上一首
            2：下一首
            3：删除
            4：返回上一级菜单
----------------------------------------
请选择功能序号：
```

图 4-35　完成我的歌单播放功能

第五步：将第一步以外的所有代码放到 while 循环中，使播放器一直运行，在用户选择退出选项时关闭播放器，代码如下：

```
while True:
  print("--" * 20)
  print('''音乐播放器菜单
  1：网络歌单
  2：我的歌单
  3：退出播放器''')
  print("--" * 20)
  menu = int(input("请选择功能序号："))
  if menu == 1:
    a = 0
    while True:
      if a >= 0 and a<len(onlinesongtup):
        print("当前播放的歌曲为：",onlinesongtup[a])
        print("--" * 20)
        print('''菜单
        1：上一首
        2：下一首
        3：添加到我的歌单
        4：返回上一级菜单''')
        print("--" * 20)
        menu = int(input("请选择功能序号："))
        if menu == 1:
          a = a-1
        elif menu == 2:
          a = a+1
        elif menu == 3:
          mysonglist.append(onlinesongtup[a])
          print("我的歌单：",mysonglist)
        else:
          break
      elif a < 0:
        print("已经是第一首歌了")
```

```
            elif a > len(onlinesongtup)-1:
                print("已经是最后一首了")
    elif menu == 2:
        a = 0
        while True:
            if a >= 0 and a<len(mysonglist):
                print("当前播放的歌曲为：",mysonglist[a])
                print("--" * 20)
                print('''菜单
                1：上一首
                2：下一首
                3：删除
                4：返回上一级菜单''')
                print("--" * 20)
                menu = int(input("请选择功能序号："))
                if menu == 1:
                    a = a-1
                elif menu == 2:
                    a = a+1
                elif menu == 3:
                    del mysonglist[a]
                    print("我的歌单：",mysonglist)
                else:
                    break
            elif a < 0:
                print("已经是第一首歌了")
            elif a > len(onlinesongtup)-1:
                print("已经是最后一首了")
    elif menu == 3:
        break
```

结果如图 4-36 所示。

```
----------------------------------------
音乐播放器菜单
    1：网络歌单
    2：我的歌单
    3：退出播放器
----------------------------------------
请选择功能序号：1
当前播放的歌曲为： 虫儿飞
----------------------------------------
菜单
                1：上一首
                2：下一首
                3：添加到我的歌单
                4：返回上一级菜单
----------------------------------------
请选择功能序号：4
----------------------------------------
音乐播放器菜单
    1：网络歌单
    2：我的歌单
    3：退出播放器
----------------------------------------
请选择功能序号：3
```

图 4-36 实现返回上一级菜单

任务 3　用户注册登录

任务要求

用户注册登录是大部分系统中必不可少的功能，本任务中需要设计一个菜单，菜单中需要包含注册用户、登录和退出三个选项，当用户选择“注册用户”时接收用户输入的用户名和密码，并保存到字典中，返回到主菜单；当选择“登录”时接收用户输入的用户名和密码，与注册的用户名和密码进行比对，若比对成功，则提示系统登录成功，否则给予相应提示。用户注册登录实现思路如下：

（1）创建一个菜单，使用 if 语句判断用户选择的是哪个菜单项，执行对应的操作。

（2）将用户名作为 key，密码作为 value 保存到字典中。

（3）实现登录功能，接收用户输入的用户名与密码，并判断字典中是否有对应的用户名与密码，若完全匹配，则提示登录成功，否则提示登录异常。

知识提炼

1. 字典创建

字典与序列相同，都是一个可变序列，区别在于字典是一个无序的序列，并且是以键值对（key-value）形式存储的，键与值的关系类似于学生的学号与姓名的关系，学号是一个唯一的值，姓名能够重复，能够通过学号快速查找到学生的姓名。字典中每个元素包含两个部分，即“键”和“值”，键值之间使用“:”分隔，每个元素之间使用“,”分隔，并将所有元素放入“{}”内。字典的特点如下：

- 字典中的键是唯一的，同一个字典中不能包含两个完全相同的键。
- 字典中的键不可变：字典中的键必须是一个不可变的值，可使用数字、字符串或元素作为键值。
- 字典是可变序列，并能够任意嵌套：字典中能够嵌套任意深度。
- 字典是无序的：字典中的元素没有特定顺序，能够提高查询效率。
- 通过键读取元素：字典仅能通过键读取元素，不能通过索引访问。

了解完字典的特点后，下面介绍创建字典的方式。创建字典的方式有三种，分别为使用赋值方式创建、使用 dict() 函数创建和使用 fromkeys() 方法创建包含默认值的字典。

（1）使用赋值方式创建。使用赋值方式创建字典的方式与列表相似，“=”前设置字典名称，“=”后设置字典中包含的元素并将元素放到“{}”内，语法格式如下：

```
dictname = {'key1': 'value1', 'key2': 'value2', ..., 'keyn': 'valuen'}
```

参数说明如下：

- dictname：字典名称。
- key：表示元素的键，该值必须是唯一的。
- value：表示元素的值，可以为任意类型的任意数据。

使用赋值方式创建名为 studentdict 的字典，并添加元素，代码如下：

```
studentdict = {'stuno': '02022001', 'name': 'tom', 'age': 22}
print(studentdict)
```

结果如图 4-37 所示。

```
{'stuno': '02022001', 'name': 'tom', 'age': 22}
```

图 4-37 使用赋值方式创建字典

注意：当“{}”中不填写元素时，表示创建空字典。

（2）通过 dict() 函数创建字典。dict() 函数能够将已有数据快速转换为字典，并且能够创建空字典，使用 dict() 函数将已有数据转换为字典的方式有两种，分别为通过 dict() 映射函数创建字典和通过给定的键值对创建字典，语法格式如下：

```
#通过dict()映射函数创建字典
dictname = dic(zip(list1,list2))
#通过给定键值对创建字典
dictname = dic(key1=value1,key2=value2,...,keyn = valuen)
```

参数说明如下：

- dictname：表示字典名称。
- zip 函数：用于将多个列表或元组对应未知的元素组合为元组，并返回包含这些内容的 zip 对象。
- list1：表示一个列表，该列表中的元素表示字典中的键。
- list2：表示一个列表，该列表中的元素表示字典中的值，如果两个列表长度不相等，则与最短列表长度相等。
- key1：表示元素键。
- value1：表示元素的值，可以为任何数据类型，可重复。

创建两个列表，列表 1 包含长方体长、宽、高的键值，列表 2 包含长方体的长、宽和高，通过 dict() 映射函数创建名为 cuboiddict 的字典。

```
list1 =['long','wide','high']
list2 = [20,15,10]
cuboiddict = dict(zip(list1,list2))
print(cuboiddict)
```

结果如图 4-38 所示。

```
{'long': 20, 'wide': 15, 'high': 10}
```

图 4-38 使用 dict() 函数创建字典

通过给定键值对的方式创建 fruitprice 字典，元素内容为水果的名称和价格，创建完成后输出 fruitprice 字典的内容，代码如下：

```
fruitprice =dict(apple=1, watermelon=0.7, pear=0.5)
print(fruitprice)
```

结果如图 4-39 所示。

```
{'apple': 1, 'watermelon': 0.7, 'pear': 0.5}
```

图 4-39 通过给定键值对创建字典

（3）使用 fromkeys() 方法创建包含默认值的字典。Python 提供了 fromkeys() 方法，用于创建包含默认值的字典，包含默认值的字典是只为字典中的所有键设置一个相同的默认值，语法格式如下：

```
dictname = dict.fromkeys(list,value)
```

参数说明如下：

- dictname：表示字典名称。
- list：表示一个列表，列表中包含字典中的所有键。
- value：为键设置的默认值，若不指定，则默认为 None。

创建名为 winelist 的列表和名为 liquorprice 的字典，将默认值设为“无货”，代码如下：

```
winelist=['啤酒', '白酒', '葡萄酒']
liquorprice =dict.fromkeys(winelist,'无货')
print(liquorprice)
```

结果如图 4-40 所示。

```
{'啤酒': '无货', '白酒': '无货', '葡萄酒': '无货'}
```

图 4-40　创建包含默认值的字典

2. 访问字典

访问字典是指获取字典中的元素。访问字典的方式有两种，分别为使用指定键访问和使用遍历方式访问。

（1）使用指定键访问。字典的访问方式与列表类似，列表通过索引访问对应的元素值，而字典通过指定键获得与其对应的元素值，最后使用 print() 函数输出。使用指定键访问字典的语法格式如下：

```
print(dictname[key])
```

参数说明如下：

- dictname：表示字典名称。
- key：字典中存在键名称，若不指定键名，则获得字典中的所有元素。

（2）使用遍历方式访问。字典中存储的元素为键值对，当需要对每个元素进行操作时，可以使用遍历方式获取字典中的键值对，然后对当前获取到的键值对进行操作。字典中的 items() 方法能够获取到字典中的键值对，结合 for 循环能够完成字典的遍历。items() 方法语法格式如下：

```
dictionaries.items()
```

参数说明如下：

- dictionaries：表示字典对象，该方法返回值为可遍历的键值对类型的元组列表，可使用 for 循环遍历元组列表。遍历获取键值对的方式有两种，分别为获取键值对和分别获取键和值，语法格式如下：

```
#获取键值对
foritemsin dictionaries.items():
    print(items)
forkey,value in dictionaries.items():
    print('键为：',key)
    print('值为：',value)
```

使用指定键和遍历的方式访问 studentdict 列表中的元素，代码如下：

```
#使用指定键的形式访问字典
print(studentdict['stuno'])

#使用遍历方式获取字典中的键值对
for items in studentdict.items():
```

```
    print(items)

#使用遍历方式分别获取键和值
for key,value in studentdict.items():
    print('键为：',key)
    print('值为：',value)
```

结果如图 4-41 所示。

```
02022001
('stuno', '02022001')
('name', 'tom')
('age', 22)
键为： stuno
值为： 02022001
键为： name
值为： tom
键为： age
值为： 22
```

图 4-41 遍历字典

3. 字典元素操作

由于字典是一个可变序列，因此字典的元素操作除了访问以外，还包含添加元素、修改元素和删除元素。

（1）添加元素与修改元素。添加元素是指向字典中添加一组新的键值对，添加元素使用赋值方式实现，若字典中已有指定的键，则修改字典中对应的值，语法格式如下：

```
dictionaries[key] = value
```

参数说明如下：

- dictionaries：表示要添加元素的字典名称。
- key：要添加或修改的元素键。
- value：要添加或修改的元素值。

（2）删除字典元素。删除字典元素与删除列表元素的方法一致，均使用 del 关键字实现，当删除一个不存在的元素时，Python 会抛出异常。删除字典元素语法格式如下：

```
del dictionaries[key]
```

参数说明如下：

- dictionaries：表示要删除元素的字典名。
- key：要删除元素的键。

向 studentdict 字典中添加元素，键为 gender、值为“男”，并删除键为年龄的元素，代码如下：

```
#添加元素
studentdict['gender'] = "男"
print(studentdict)

#删除元素
del studentdict['age']
print(studentdict)
```

结果如图 4-42 所示。

```
{'stuno': '02022001', 'name': 'tom', 'age': 22, 'gender': '男'}
{'stuno': '02022001', 'name': 'tom', 'gender': '男'}
```

图 4-42 删除元素

4. 集合创建

Python 中的集合主要用于保存具有唯一性的元素，集合的定义与数学中的集合概念类似。Python 中的集合可分为可变集合（set）和不可变集合（frozenset）。集合中的元素全部包含在一对“{}”中，每个元素使用“,”分隔，元素类型包括整型、浮点型、字符串、元组，无法存储列表、字典、集合等可变的数据类型。创建集合的方法有三种：使用赋值方式创建、使用 set() 函数创建和使用 frozenset() 函数创建，其中使用前两种方式创建的集合均为可变集合，使用第三种方式创建的集合为不可变集合。

（1）使用赋值方式创建集合。使用赋值方式创建集合与使用赋值方式创建字典的方式相同，“=”前设置集合名称，“=”后设置集合中包含的元素并将元素放到“{}”内，语法格式如下：

```
#使用赋值方式创建可变集合
aggregate ={element1,element2,...,elementn}
```

（2）使用 set() 函数创建集合。set() 函数能够将可迭代对象（如字符串、列表、元组等）转换为集合类型，语法格式如下：

```
aggregate = set(iteration)
```

参数说明如下：

- aggregate：集合名称。
- iteration：可迭代对象。

（3）使用 frozenset() 函数创建集合。使用 frozenset() 函数创建集合与使用 set() 函数创建集合的区别在于，使用前者创建的集合为不可变集合，有利于提高安全性。frozenset() 函数语法格式如下：

```
aggregate = frozenset(iteration)
```

参数说明如下：

- aggregate：集合名称。
- iteration：可迭代对象。

分别使用赋值方式、set() 函数和 frozenset() 函数创建集合，代码如下：

```
#使用赋值方式创建可变集合
a = {1,2,3,('start','end')}

#使用set()函数创建可变集合
list = [1,2,3,4,5]
b = set(list)

#使用frozenset()函数创建不可变集合
c = frozenset(list)
```

5. 访问集合

由于集合是一个无序序列，因此无法使用索引访问，只能使用 print() 方法输出全部元素，或使用 for 循环遍历集合中的所有元素。使用 for 循环遍历集合的语法格式如下：

```
for element in aggregate:
  print(element)
```

参数说明如下：

- element：表示遍历出的每个元素。
- aggregate：表示集合名称。

使用 set() 函数创建名为 pyagg 的集合，并使用 for 循环遍历，代码如下：

```
pyagg = set("hellopython")
for ele in pyagg:
  print(ele)
```

结果如图 4-43 所示。

```
t
e
y
h
n
o
p
l
```

图 4-43 访问集合

6. 集合内置方法

Python 为集合提供了若干内置方法用于实现对集合元素的添加、删除等操作，这些内置方法中用于修改集合的方法不支持使用 frozenset() 函数创建的集合，因为 frozenset() 函数创建的集合是不可变集合。常用集合内置方法见表 4-7。

表 4-7 常用集合内置方法

函数	语法	说明
add()	set.add(elmnt)	向集合中添加元素，若集合中已包含添加的元素，则不执行任何操作
clear()	set.clear()	移除集合中的所有元素
copy()	set.copy()	复制集合
discard()	set.discard(value)	删除集合中的指定元素，当元素不存在时不会报错
isdisjoint()	set.isdisjoint(set)	判断两个集合是否包含相同元素，如果没有则返回 True，否则返回 False
issubset()	set.issubset(set)	判断集合的所有元素是否都包含在参数集合中，如果是则返回 True，否则返回 False
pop()	set.pop()	随机移除一个元素
remove()	set.remove(item)	移除集合中的指定元素，当元素不存在时报错
update()	set.update(set)	修改当前集合，可以添加新的元素或集合到当前集合中，如果添加的元素在集合中已存在，则该元素只会出现一次，重复的会忽略

以 add() 方法和 remove() 方法为例，讲解集合内置方法的使用。创建名为 fruits 的集合，并使用 add() 方法和 remove() 方法对该集合进行操作，代码如下：

```
#创建集合
fruits = {'apple','Banana','Durian'}
#向集合中添加元素
fruits.add('Grape')
print(fruits)

#删除指定元素
fruits.remove('apple')
print(fruits)
```

结果如图 4-44 所示。

```
{'Banana', 'Grape', 'Durian', 'apple'}
{'Banana', 'Grape', 'Durian'}
```

图 4-44 集合内置方法的使用

7. 集合计算

通过所学知识，可以了解到 Python 中的集合与数学中的集合类似，在数学中比较常见的集合计算方式有交集、并集、补集。Python 中的集合也包含类似的操作：交集、并集、差集和对称差集。集合操作符见表 4-8。

表 4-8 集合操作

运算操作	运算符	说明
交集	&	表示两个集合公共的部分
并集	|	合并两个集合
差集	-	取一个集合中另一个集合没有的元素
对称差集	^	取两个集合中非公共的元素

分别创建两个集合，使用上述集合操作符获取交集、并集、差集和对称差集，代码如下：

```
#创建集合
aggregate1={'a','b','c'}
aggregate2={'c','d','e'}

#计算aggregate1和aggregate2的交集
print(aggregate1 & aggregate2)

#计算aggregate1和aggregate2的并集
print(aggregate1 | aggregate2)

#计算aggregate1和aggregate2的差集
print(aggregate1 - aggregate2)
print(aggregate2 - aggregate1)

#计算aggregate1和aggregate2的对称差集
print(aggregate1 ^ aggregate2)
```

结果如图 4-45 所示。

```
{'c'}
{'a', 'd', 'e', 'c', 'b'}
{'a', 'b'}
{'e', 'd'}
{'a', 'd', 'e', 'b'}
```

图 4-45 集合计算

任务实施

第一步：设置用户注册、登录与退出系统的功能菜单，代码如下：

```
prompt = """
N. 注册用户
E. 登录
Q. 退出
选择要进行的操作按回车键确认："""
```

第二步：接收用户输入的菜单选项，并根据用户输入触发不同的分支语句，并在判断出用户输入了菜单选项之外的内容时给予提示并重新输入，代码如下：

```
done = False                                      #设置程序退出点
while not done:
  chosen = False
  while not chosen:                               #设置循环接收用户输入的菜单项
    choice = input(prompt).strip()[0].lower()     #接收用户输入的菜单项
    print('您选择的菜单项：[%s]' % choice)
    if choice not in 'neq':                       #判断用户是否输入了菜单项以外的内容
      print('您的输入有误请重新输入')               #提示重新输入
    else:
      chosen = True
  if choice == 'q':                               #如果输入q选项退出系统
    done = True
  if choice == 'n':
    print('注册用户')                              #注册用户
  if choice == 'e':
  print('登录系统')                                #登录系统
```

结果如图 4-46 所示。

```
N. 注册用户
E. 登录
Q. 退出
选择要进行的操作按回车键确认:
```

图 4-46 输出菜单

第三步：编写注册用户代码，用户的账户名与密码使用字典存储，并将用户名作为 key，密码作为 value 插入字典中，在 if choice == 'n': 中添加代码，并在程序开头设置用于保存用户名密码的字典，代码如下：

```
db = {}                                          #存储用户名密码的字典
done = False                                     #设置程序退出点
while not done:
  chosen = False
  while not chosen:                              #设置循环接收用户输入的菜单项
    choice = input(prompt).strip()[0].lower()    #接收用户输入的菜单项
    print('您选择的菜单项：[%s]' % choice)
    if choice not in 'neq':                      #判断用户是否输入了菜单项以外的内容
      print('您的输入有误请重新输入')              #提示重新输入
    else:
      chosen = True
  if choice == 'q':                              #如果输入q选项退出系统
    done = True
  if choice == 'n':
    print('注册用户')                             #注册用户
    name = input('请输入用户名：')                 #接收用户输入的用户名
    pwd = input('请输入密码：')                    #接收用户输入的密码
    db[name] = pwd                               #将用户名与密码保存到字典中
  if choice == 'e':
print('登录系统')                                 #登录系统
```

结果如图 4-47 所示。

```
N. 注册用户
E. 登录
Q. 退出
选择要进行的操作按回车键确认:n
您选择的菜单项: [n]
注册用户
请输入用户名: root
请输入密码: 123456
```

图 4-47 注册用户

第四步：用户注册成功后，开始登录系统，当用户选择菜单项中的登录选项时触发登录操作，并根据用户输入的用户名和密码，与字典中已经注册的用户名和密码进行匹配，如果匹配成功则提示登录成功，如果匹配失败则提示登录异常，在 if choice == 'e': 中添加代码，代码如下：

```
db = {}                                          #存储用户名密码的字典
done = False                                     #设置程序退出点
while not done:
  chosen = False
  while not chosen:                              #设置循环接收用户输入的菜单项
    choice = input(prompt).strip()[0].lower()    #接收用户输入的菜单项
    print('您选择的菜单项：[%s]' % choice)
    if choice not in 'neq':                      #判断用户是否输入了菜单项以外的内容
      print('您的输入有误请重新输入')              #提示重新输入
    else:
      chosen = True
  if choice == 'q':                              #如果输入q选项退出系统
```

```
      done = True
    if choice == 'n':
      print('注册用户')                          #注册用户
      name = input('请输入用户名：')             #接收用户输入的用户名
      pwd = input('请输入密码：')                #接收用户输入的密码
      db[name] = pwd                             #将用户名与密码保存到字典中
    if choice == 'e':
    print('登录系统')                            #登录系统
      name = input('用户名：')
      pwd = input('密码：')
      passwd = db.get(name)                      #从字典中获取与用户输入的登录名对应的密码
      if passwd == pwd:                          #判断密码是否正确
        print('欢迎登录到本系统')                #如果密码正确则提示登录成功
      else:
        print('登录异常')                        #否则提示登录异常
```

结果如图 4-48 所示。

```
N. 注册用户
E. 登录
Q. 退出
选择要进行的操作按回车键确认：n
您选择的菜单项：[n]
注册用户
请输入用户名：root
请输入密码：123456

N. 注册用户
E. 登录
Q. 退出
选择要进行的操作按回车键确认：e
您选择的菜单项：[e]
登录系统
用户名：root
密码：123456
欢迎登录到本系统
```

图 4-48 登录系统

知识梳理与总结

通过对本项目的学习，我们分别完成了进货清单管理、音乐播放器、用户注册登录三个任务，并在完成这些任务的同时学习了 Python 的字符串编码与解码、字符串的内建函数，掌握了列表的创建和访问方法、字典的创建和访问方法、集合的创建和访问方法。

任务总体评价

通过学习本任务，看自己是否掌握了以下技能，在技能检测表中标出已掌握的技能。

评价标准	个人评价	小组评价	教师评价
（1）是否能够根据数据类型的不同选择适合的数据结构			
（2）是否能够掌握每种数据结构的使用和创建方法			

备注：A 为能做到；B 为基本能做到；C 为部分能做到；D 为基本做不到。

自主探究

使用所学知识创建通讯录管理系统，要求包含添加、修改、修改和查询功能。

项目 5　Python 函数

项目概述

函数是每个编程语言必不可少的一部分，Python 也一样，通过函数可以有效提高代码的可读性及执行效率，最突出的一点就是避免了重复造轮子的过程，通过函数可以重复利用一段已经开发完成的具备完整功能的代码，并且 Python 提供了一套最基础且常用的内置函数，帮助开发人员完成特定的任务。本项目将通过完数判断、人体 BMI 计算、员工工资表统计和高空抛球四个任务讲解函数的定义、调用及使用规则。

教学目标

知识目标

- 了解函数的基本定义。
- 熟悉函数的应用场景。
- 掌握定义与调用函数的基本方法。

技能目标

- 熟悉每种函数的使用场景。
- 掌握完数判断函数的定义与调用方法。
- 掌握函数返回值的使用方法。
- 掌握使用内置函数实现员工工资表统计的方法。
- 掌握使用回调函数实现高空抛球计算。

任务 1　完数判断

任务要求

完数又称完美数或完备数，是一些特殊的自然数，一个自然数的所有因子（假如整数 *n* 除以 *m*，结果是无余数的整数，那么称 *m* 就是 *n* 的因子，因子不包含其本身）和这个自然数本身即视为完数。编写程序，接收用户输入的整数并定义用于判断用户输入的数是否为完数的函数，完数判断程序实现思路如下：

（1）定义用于判断用户输入的自然数是否为完数的函数，函数接收用户输入的自然数 *n*。

（2）在函数中设置用于保存因子和的变量初始值为 0。

（3）使用 1 ～ n-1 中的每个自然数去除 n，若结果为不包含余数的整数，则累加到用于保存因子和的变量。

（4）循环结束后，判断因子和是否与自然数 n 相等，若相等则自然数 n 为完数，否则不是完数。

（5）调用该函数并测试。

知识提炼

1. 函数定义

函数定义过程可理解为造轮子，轮子造好后能够重复使用，并且不需要重复制造，或理解为为完成某种任务而创造的工具。Python 中使用 def 关键字完成函数的定义，语法格式如下：

```
def functionname([parameters]):
    ["conmments"]
    [functionbody]
```

参数说明如下：

- functionname：表示定义的函数名称，在调用函数时使用。
- parameters：可选参数，函数运行需要的参数，如果有多个参数，则各参数之间使用“,”分隔。
- conmments：可选参数，函数说明性问题，不会被 Python 解释执行。
- funtionbody：可选参数，函数体，完成具体功能的代码段。

2. 函数调用

函数调用是指执行该函数。如果函数定义是制造工具，那么函数调用就是使用工具去完成某项任务。函数调用的语法格式如下：

```
functionname([parameters])
```

参数说明如下：

- functionname：函数名称。
- parameters：可选参数，用于指定各参数的值，如果需要传递多个值，则每个值之间使用“,”分隔，如果该函数没有参数，则不需要传递值。

定义一个用于计算两个数值类型数据和的函数，该函数需要接收两个值并返回计算结果，且调用该函数，代码如下：

```
def sumup(a,b):
   "计算两个数的和"
   sum = a + b
   print('两个数的和为',sum)
sumup(1,2)
```

结果如图 5-1 所示。

```
两个数的和为 3
```

图 5-1 函数调用

3. 形式参数与实际参数

在了解形式参数和实际参数前，需要了解什么是无参函数和有参函数。无参函数是指在定义函数时函数名后的小括号中不填写参数，在调用时不需要向函数传递参数，所以无参函数不涉及形式参数（形参）和实际参数（实参）。有参函数是指在定义函数时，函数名后的小括号中设置了函数执行时的必要参数，在调用时需要根据这些参数向函数传递需要的值。形式参数与实际参数主要针对有参函数。

（1）形式参数。形式参数是指在创建函数时，函数名后小括号中设置的参数，没有实际的值，如图 5-2 所示。

```
def sumup(a, b)
```

形式参数

图 5-2　形式参数

在设置形式参数时，可为形式参数设置默认值，或将其设为可变参数。

- 为形式参数设置默认值。为形式参数设置默认值的目的是如果调用函数时没有为形式参数传递值，默认使用函数定义时为形式参数设置的初始值，语法格式如下：

```
def functionname(...,[parameters1=defaultvalue1]):
    ["conmments"]
    [functionbody]
```

该语法与函数定义语法相同，区别在于可选参数 [parameters1=defaultvalue1]，该参数表示向函数中传递的参数，并且为参数设置默认值 defaultvalue1。当设置了某个形式参数的默认值时，在调用该函数时可以不给该参数传递值，没有指定默认值的参数必须为其传递值。

定义名为 userinfo 的函数，设置两个参数 username 和 passwd，并为 passwd 设置默认值为 123456，当调用时为 passwd 传递值则使用调用时传递的值，当调用时为传递值则使用默认值 123456，代码如下：

```
def userinfo(username,passwd='123456'):
    print('用户名为：',username,'密码为：',passwd)
print('======不为passwd传值========')
userinfo('root')
print('======为passwd传值========')
userinfo('root','987654')
```

结果如图 5-3 所示。

```
======不为passwd传值========
用户名为： root 密码为： 123456
======为passwd传值========
用户名为： root 密码为： 987654
```

图 5-3　默认值参数

- 将其设为可变参数。可变参数是指在调用函数时，可以向函数中传递任意多个实际参数，不限制传入的参数数量。Python 中设置可变参数的方式有两种，分别为在形式参数前加“*”和“**”，语法格式如下：

```
def functionname([*parameters]):
    ...
```

或

```
def functionname([**parameters]):
    ...
```

参数说明及使用方法如下：

- *parameters：表示接收多个实际参数并保存到一个元组中。

定义一个名为 student 的函数，使用“*”方式设置形式参数 stulist，接收多个实际参数并输出，代码如下：

```
def student(*stulist):
    print(stulist)
    for item in stulist:
        print(item)
student('李白','杜甫','陆游')
```

结果如图 5-4 所示。

```
('李白', '杜甫', '陆游')
李白
杜甫
陆游
```

图 5-4 接收多个参数

使用可选参数 *parameters 的形式设置的形式参数，除能够接收多个实际参数并转换为列表外，还能接收一个现有列表，语法格式如下：

```
functionname(*list)
```

创建一个名为 studentlist 的列表，并调用 student() 函数，在调用时将名为 studentlist 的列表传入 student() 函数中，代码如下：

```
studentlist = ('李白','杜甫','陆游')
student(*studentlist)
```

结果如图 5-5 所示。

```
('李白', '杜甫', '陆游')
李白
杜甫
陆游
```

图 5-5 可变参数传递列表

- **parameters：表示接收任意多个显示赋值的实际参数，并保存到字典中。

定义一个名为 studentage 的函数，使用“**”方式设置形式参数 stuage，接收多个显示赋值的实际参数并调用，代码如下：

```
def studentage(**stuage):
print(stuage)
    for key,value in stuage:
        print(key,value)

studentage(李白='28',杜甫='30',陆游='40')
```

结果如图 5-6 所示。

```
{'李白': '28', '杜甫': '30', '陆游': '40'}
李白 28
杜甫 30
陆游 40
```

图 5-6 接收多个参数

使用可选参数 **parameters 的形式设置的形式参数，除能够接收多个实际参数并转换为字典外，还能接收一个现有字段，语法格式如下：

```
functionname(*dict)
```

创建一个名为 studentdict 的字典，并调用 studentage () 函数，在调用时将名为 studentdict 的字典传入 studentage() 函数中，代码如下：

```
studentdict = {'李白':'28','杜甫':'30','陆游':'40'} studentage(**studentdict)
```

结果如图 5-7 所示。

```
{'李白': '28', '杜甫': '30', '陆游': '40'}
李白 28
杜甫 30
陆游 40
```

图 5-7 可变参数传递列表

（2）实际参数。实际参数是指在调用函数时，参数名后小括号中的参数，如图 5-8 所示。

sumup (1, 2)
实际参数

图 5-8 实际参数

根据类型的不同，可将实际参数的值或实际参数的引用传递给形式参数，区别如下：

- 引用传递：当实际参数为可变类型时进行的引用传递，当改变形式参数的值后实际参数的值会随之发生改变。Python 中的列表、字典等都是可变类型。
- 值传递：当实际参数的类型为不可变类型时进行的值传递，当改变形式参数的值后实际参数的值不会改变。Python 中整数、字符串、元组等都是不可变类型。

定义一个名为 transmit 的函数，设置一个名为 obj 的形式参数并在函数内改变形式参数的值，在调用时分别传入一个字符串和一个列表，并输出 transmit 函数的返回结果和实际参数的值，代码如下：

```
def transmit(obj):
    print('接收的值为',obj)
    obj += obj
    return obj

print('========值传递=========')
demo = 'Hello Python'
print('函数内的值：',transmit(demo))
print('函数调用后的值：',demo)

print('=======引用传递========')
list1 = ['Python','C++','Java']
print('函数内的值：',transmit(list1))
print('函数调用后的值：',list1)
```

结果如图 5-9 所示。

在调用函数时可以使用实际参数向形式参数传递数据，这个过程中需要注意两点：第一，实际参数的位置要与形式参数对应成为位置参数；第二，使用形式参数的名字确定输入参数的值成为关键字参数。

```
========值传递=========
接收的值为 Hello Python
函数内的值： Hello PythonHello Python
函数调用后的值： Hello Python
=======引用传递========
接收的值为 ['Python', 'C++', 'Java']
函数内的值： ['Python', 'C++', 'Java', 'Python', 'C++', 'Java']
函数调用后的值： ['Python', 'C++', 'Java', 'Python', 'C++', 'Java']
```

图 5-9 引用传递和值传递

- 位置参数。调用函数时，实际参数的位置和数量必须与定义函数时设置的形式参数的位置和数量相同，并且一一对应，若数量和位置不能对应则导致程序抛出 TypeError 异常或计算结果与预期不符。
- 关键字参数。关键字参数能够免去用户必须牢记参数位置的麻烦，只需设置形式参数的名字与对应的参数值即可。

以调用 userinfo() 函数为例，分别使用位置参数形式和关键字参数形式向形式参数传递值，代码如下：

```
print('=======位置参数========')
userinfo('master','456789')
print('=======关键字参数========')
userinfo(passwd='456789',username='master')
```

结果如图 5-10 所示。

```
=======位置参数========
用户名为： master 密码为： 456789
=======关键字参数========
用户名为： master 密码为： 456789
```

图 5-10 关键字参数

4. 变量作用域

变量作用域

变量作用域是指变量在程序中的有效范围，如果在此范围外调用该变量，则会出现错误。在 Python 程序中将变量按照作用范围分为局部变量和全局变量。

（1）局部变量。在 Python 中，局部变量一般是指在函数中不加以任何修饰定义的变量，仅在定义该变量的函数内使用，调用函数时创建，调用结束后销毁，因此在函数外部访问函数内部定义的局部变量时会抛出 NameError 异常。

定义名为 local_variable 的函数，定义名为 hello 的局部变量并赋值给 HelloPython，并在函数内输出该变量值和尝试在函数外输出该变量值，代码如下：

```
def local_variable():
    hello = 'Hello Python'
    print(hello)
print('====函数内访问====')
local_variable()
print('====函数外访问====')
print(hello)
```

结果如图 5-11 所示。

（2）全局变量。全局变量与局部变量对应，能够作用于定义它的整个 Python 文件，包括函数内部和函数外部，并且全局变量和局部变量可以同名且不会发生冲突。局部变量定义方式有两种，分别为在函数外部定义和在函数内部使用 global 关键字修饰。

```
====函数内访问====
Hello Python
====函数外访问====
Traceback (most recent call last):
  File "F:\桌面\markdown\pythonProject1\for.py", line 240, in <module>
    print(hello)
NameError: name 'hello' is not defined
```

图 5-11 局部变量

- 在函数外部定义全局变量。在函数外部定义全局变量 precious 并赋值“我是一只熊猫”，定义名为 national_treasure 的函数，在函数内访问全局变量 precious，代码如下：

```
#定义全局变量
precious = "我是一只熊猫"
def national_treasure():
  #函数内访问全局变量
  print(precious)
print("====函数内访问全局变量precious====")
national_treasure()
```

结果如图 5-12 所示。

局部变量和全局变量可以重名且互不影响，当在函数体内访问某变量时，会先查找函数体内是否有该变量，若函数体内没有该变量则向外查找全局变量。

修改函数 national_treasure，在函数内部定义名为 precious 的局部变量并赋值为“我是国宝大熊猫”，并在函数内访问局部变量 precious 和在函数外访问全局变量 precious，代码如下：

```
precious = "我是一只熊猫"
def national_treasure():
  #函数内访问全局变量
  precious = "我是国宝大熊猫"
  print(precious)
print("====局部变量precious====")
national_treasure()
print("====全局变量precious====")
print(precious)
```

结果如图 5-13 所示。

```
====函数内访问全局变量precious====
我是一只熊猫
```

图 5-12 全局变量

```
====局部变量precious====
我是国宝大熊猫
====全局变量precious====
我是一只熊猫
```

图 5-13 全局变量与局部变量互不影响

- 函数内部使用 global 关键字修饰全局变量。在函数体内部使用 global 关键字定义的变量（即全局变量）与函数体外部定义的全局变量具有相同的作用域。在函数体内部定义全局变量需要先使用 global 关键字声明变量再赋值，并且只有在调用该函数后才会创建该全局变量。

定义名为 tree 的函数，在函数内使用 global 关键字定义名为 poplar 的全局变量，再为该变量赋值“我是一棵杨树”，调用该函数并访问 poplar 变量，代码如下：

```
def tree():
    global poplar
    poplar = "我是一棵杨树"
print("======函数外访问函数内定义的全局变量======")
tree()
print(poplar)
```

结果如图 5-14 所示。

```
======函数外访问函数内定义的全局变量======
我是一棵杨树
```

图 5-14　函数内部定义全局变量

当函数外部定义的全局变量与函数内部使用 global 关键字修饰的全局变量重名时，在函数内部修改全局变量的值会同步修改函数外部定义的全局变量的值。

在名为 tree 的函数外部定义名为 poplar 的变量，并赋值“我是一棵没有长大的小杨树”，在调用 tree 函数前和函数后访问 poplar 变量，代码如下：

```
poplar = "我是一棵没有长大的小杨树"
def tree():
    global poplar
    poplar = "我是一棵杨树"
print("=====调用函数前=====")
print(poplar)
tree()
print("=====调用函数后=====")
print(poplar)
```

结果如图 5-15 所示。

```
=====调用函数前=====
我是一棵没有长大的小杨树
=====调用函数后=====
我是一棵杨树
```

图 5-15　函数内部修改全局变量

任务实施

第一步：定义名为 factors 的函数，该函数需要接收用户数据的一个实数，在函数中分别定义一个用于保存因子和的变量和用于保存因子的变量，代码如下：

```
def factors(n):
    sum = 0                          #用于保存因子和，初始值为0
    i = 1                            #因子，初始值为1
```

第二步：使用 while 循环，使因子在每次循环时加 1，当因子小于或等于 n-1 时循环结束，并在循环中判断用户输入的数字 n 是否能被 i 整除，若能整除则将当前因子 i 累加到 sum，代码如下：

```
def factors(n):
```

```
    sum = 0                          #用于保存因子和，初始值为0
    i = 1                            #因子，初始值为1
    while  i <= n-1 :
      if n % i == 0:                 #i是n的因子
      sum += i
      i = i + 1
```

第三步：判断所有能整除用户输入数字 n 的因子 i 的和是否等于用户输入的实数 n，若相等则代表 n 为完数，否则不是完数，代码如下：

```
def factors(n):
    sum = 0                          #用于保存因子和，初始值为0
    i = 1                            #因子，初始值为1
    while  i <= n-1 :
      if n % i == 0:                 #i是n的因子
      sum += i
      i = i + 1
    if sum == n :
      print("%d是完数"%n)
    else:
      print("%d不是完数" % n)
```

第四步：接收用户输入的实数并转换为数值类型，再调用 factors 函数，代码如下：

```
n = int(input("输入一个数据："))
factors(n)
```

结果如图 5-16 所示。

```
输入一个数据: 6
6是完数
```

图 5-16 完数计算

任务 2 人体 BMI 计算

任务要求

社会高速发展的同时，带来了快节奏的生活方式，人们每天都在为自己的工作和家庭奔波，很容易忽略或根本没有时间注意自己的身体状况。为了生计奔波的人们已经没办法保证规律的饮食和适当的运动，饮食不规律、缺乏运动最显而易见的结果就是身体质量指数（Body Mass Index，BMI）异常，人体 BMI 计算主要实现的就是根据用户输入的身高和体重快速计算 BMI 值并判断出人体质量。人体 BMI 计算程序实现思路如下：

（1）定义函数，接收三个参数，分别为 name（姓名）、height（身高）和 weight（体重）。

（2）根据公式（BMI= 体重 ÷ 身高 ^{2}）计算出 BMI 值。

（3）当 BMI 小于等于 18.4 时返回偏瘦，大于 18.4 且小于等于 23.9 时返回正常，大于 23.9 且小于等于 27.9 时返回超重，大于 28 时返回肥胖。

知识提炼

函数返回值相关知识如下：

函数是完成某项任务的工具，返回值是指当完成工作时返回的结果，比如家长让孩子帮忙买酱油，孩子此时代表函数，并且家长给了孩子 20 块钱，类似于向函数传递值，当孩子买完酱油回来需要告知家长我买回来了，花了多少钱，剩了多少钱，这就叫返回值。返回值可理解为完成某项任务的结果。Python 中使用 return 关键字设置返回值，语法格式如下：

函数返回值

```
return [value]
```

return 关键字用于在函数中的任何位置设置返回值，返回值可以为任意类型，并且当执行到函数中一个 return 时结束函数。为函数设置返回值后，在调用时可将返回值赋值给任意变量，若返回一个值则保存一个值，若返回多个值则保存一个元组。value 用于指定返回值可以为一个值还是多个值。

任务实施

第一步：定义一个名为 bmi_calculation 的函数，用于根据身高、体重计算身体状态（偏瘦、正常、超重或肥胖等），代码如下：

```
def bmi_calculation(name,height,weight):
  BMI=float(float(weight)/(float(height)**2))
  #公式
  if BMI<=18.4:
    return '姓名：'+name+'身体状态：偏瘦'
  elif BMI<=23.9:
    return '姓名：'+name+'身体状态：正常'
  elif BMI<=27.9:
    return '姓名：'+name+'身体状态：超重'
  elif BMI>=28:
    return '姓名：'+name+'身体状态：肥胖'
```

第二步：接收用户输入的姓名、身高和体重，调用 bmi_calculation 函数后将函数的返回结果赋值给变量 bmi 并输出，代码如下：

```
print( '----欢迎使用BMI计算程序----')
name=input('请键入您的姓名：')
height=eval(input('请键入您的身高（m）：'))
weight=eval(input('请键入您的体重（kg）：'))
#接收函数返回结果保存到变量bmi中
bmi = bmi_calculation(name,height,weight)
print(bmi)
```

结果如图 5-17 所示。

```
----欢迎使用BMI计算程序----
请键入您的姓名：小明
请键入您的身高(m)：185
请键入您的体重(kg)：60
姓名：小明身体状态：偏瘦
```

图 5-17 函数返回值

任务 3 员工工资表统计

任务要求

现有一个数据序列，内容为员工的工资，现在需要根据这些工资数据进行一些财务报表的计算，包括应发工资的总金额、最低工资与最高工资，并过滤出不需要交税的员工，任务实现思路如下：

（1）应发工资总金额统计需要使用sum函数，并且获取工资表中的所有value值。

（2）最低工资与最高工资，需要使用min与max函数，并与匿名函数结合统计字典中value值的最小值与最大值。

（3）过滤不需要交税的员工需要使用filter函数，要求显示出不需要交税的员工姓名。

知识提炼

Python的解释器中提供了许多内置函数和类型，帮助开发人员解决日常开发中遇到的问题。Python中的常用内置函数主要分为五类，分别为数学运算函数、集合操作函数、逻辑判断函数、反射函数和匿名函数。

1. 数学运算函数

数学运算函数主要包含完成一些常用的数学计算或返回值为数字类型的函数，见表5-1。

表5-1 数学运算函数

函数	说明
abs(x)	计算整数、浮点数的绝对值，如果参数是一个复数，则返回它的模
complex([real[, imag]])	创建形式为real + imag * j的复数
divmod(a, b)	分别取商和余数，返回结果为元组类型（商、余数）
float([x])	将一个字符串或数转换为浮点数。如果无参数则返回0.0
int([x[, base]])	将一个字符转换为int类型，base表示进制
long([x[, base]])	将一个字符转换为long类型
pow(x, y[, z])	返回x的y次幂，若指定z则再对结果与z进行取模
round(x[, n])	四舍五入
sum(iterable[, start])	对集合求和，iterable表示集合，start表示开始求和的位置
oct(x)	将一个数字转换为八进制
hex(x)	将整数x转换为十六进制字符串
chr(i)	返回整数i对应的ASCII字符
bool([x])	将x转换为boolean类型

接收用户输入的两个数字并将其转换为int类型，再使用sum函数对两个数进行求和计算，代码如下：

```
#将用户输入的数字转换为int类型
a = int(input("输入a的值："))
b = int(input("输入b的值："))
#使用sum函数计算列表(a,b)的和
print(sum((a,b)))
```

结果如图5-18所示。

数学运算函数

```
输入a的值：1
输入b的值：2
3
```

图5-18 数学内置函数应用

课程思政：极简主义生活方式

生活应删繁就简，只有简单的生活方式，才能让我们感受到生活中真真切切的幸福。极简生活并不是指吃饭只吃一个菜、舍不得花钱等，而是放弃无效的事情，最大限度地利用自己的时间和精力做一些有用的事，从而获得更大的快乐和幸福。“极简”是指欲望极简、精神极简、物质极简、信息极简、表达极简、生活极简。

2. 集合操作函数

集合操作函数是指主要针对集合进行多种运算或操作，或返回值为集合的函数，见表 5-2。

表 5-2 集合操作函数

函数	说明
unichr(i)	返回给定 int 类型的 unicode
iter(o[, sentinel])	生成一个对象的迭代器，第二个参数表示分隔符
max(iterable,[key])	返回集合中的最大值，key 为可选参数，通过该参数能够获取字典中对应最大值的 key
min(iterable,[key])	返回集合中的最小值，key 为可选参数，通过该参数能够获取字典中对应最小值的 key
str([object])	将对象转换为 string 类型
sorted(iterable)	对集合进行排序

定义一个包含数字类型元素的列表，分别使用 max、min 和 sorted 函数对列表进行求最大值、最小值和排序操作，代码如下：

```
list = (1,25,4,6,8,2,3)
print("list集合中最大值为：",max(list))
print("list集合中最小值为：",min(list))
print("list集合排序结果为：",sorted(list))
```

结果如图 5-19 所示。

```
list集合中最大值为： 25
list集合中最小值为： 1
list集合排序结果为： [1, 2, 3, 4, 6, 8, 25]
```

图 5-19 集合操作函数应用

3. 逻辑判断函数

逻辑判断函数是指返回值为 boolean 类型的函数，主要判断集合中的元素是否均为真或者均为假等，见表 5-3。

表 5-3 逻辑判断函数

函数	说明
all(iterable)	集合中的元素都为真时为真，如果是则返回 True，否则返回 False，除 0、空、None、False 外都算 True
any(iterable)	集合中的元素是否都为假，如果是则返回 False，如果有一个为 True 则返回 True，除 0、空、None、False 外都算 True
cmp(x, y)	x < y，返回 -1；x == y，返回 0；x > y, 返回 1
str.isdigit()	判断是否为纯数字，如果是则返回 True，否则返回 False

创建一个列表，并使用any函数判断该列表中是否包含0、空、None、False，代码如下：

```
list = (1,'Python',2,'C++')
print("list中是否不包含0、空、None、False：",any(list))
```

结果如图5-20所示。

```
list中是否不包含0、空、None、False： True
```

图5-20 逻辑判断函数应用

4. 反射函数

反射是一个很重要的概念，它可以把字符串映射到实例的变量或者实例的方法，然后执行调用、修改等操作。反射函数见表5-4。

表5-4 反射函数

函数	说明
dir([object])	不带参数时，返回当前范围内的变量、方法和定义的类型列表；带参数时，返回参数的属性、方法列表
delattr(object, name)	删除object对象名为name的属性
filter(function, iterable)	用于过滤掉不符合条件的元素，function表示过滤条件的函数，iterable表示可迭代对象
isinstance(object, classinfo)	判断一个对象是否是一个已知的类型
map(function, iterable, ...)	遍历每个元素，执行function操作
reduce(function, iterable[, initializer])	合并操作，从第一个开始是前两个参数，然后是前两个的结果与第三个合并进行处理，依此类推

当前有一组学生成绩列表，要求使用filter函数过滤掉不及格的成绩，代码如下：

```
def is_qualified(n):
  return n % 2 == 1
newlist = filter(is_qualified,[60,45,99,100,75,30])
print(list(newlist))
```

结果如图5-21所示。

```
[45, 99, 75]
```

图5-21 反射函数应用

5. 匿名函数

匿名函数是指没有函数名的函数，匿名函数仅能使用一次，不能重复使用。在Python中使用lambda表达式创建匿名函数，语法格式如下：

```
result=lambda [arg1 [,arg2,...,argn]]:expression
```

参数说明如下：

- result：用于调用lambda表达式。
- [arg1 [,arg2,...,arg*n*]]：可选参数，用于指定向函数中传递的参数列表，当有多个参数时使用“,”分隔。
- expression：必选参数，函数的返回值，用于指定实现具体功能的表达式。

任务实施

第一步：创建工资列表，并插入每个人要发放的工资，代码如下：

```
salaries={
    'charles':3000,
    'mark':25464,
    'bill':10000,
    'jseph':2000
}
print(salaries)
```

结果如图 5-22 所示。

```
{'charles': 3000, 'mark': 25464, 'bill': 10000, 'jseph': 2000}
```

图 5-22 工资表

第二步：分别统计出工资表中最高工资与最低工资的人员和对应的工资，代码如下：

```
print(max(salaries,key=lambda k:salaries[k]),"的工资最高工资为",salaries[max(salaries,
key=lambda k:salaries[k])])
print(min(salaries,key=lambda k:salaries[k]),"的工资最低工资为",salaries[min(salaries,key
=lambda k:salaries[k])])
```

结果如图 5-23 所示。

```
mark 的工资最高工资为 25464
jseph 的工资最低工资为 2000
```

图 5-23 最高工资与最低工资

第三步：使用 sum 函数计算出本次应发工资总金额。使用 sum 函数计算字典中 value 值和时应通过字典的 values 属性获取字典中的 value 值，代码如下：

```
print("应发工资总额为：",sum(salaries.values()))
```

结果如图 5-24 所示。

```
应发工资总额为： 40464
```

图 5-24 应发工资总金额

第四步：将 filter 函数与 lambda 匿名函数结合，筛选不需要交税的员工名单，代码如下：

```
d_tmp = list(filter(lambda key:salaries[key]<5000,salaries))
print("不需要交税的员工有：",d_tmp)
```

结果如图 5-25 所示。

```
不需要交税的员工有： ['charles', 'jseph']
```

图 5-25 字典筛选

任务 4 高空抛球

任务要求

高空抛球计算规则为假设有一颗球，从高度为 200 米的地方向下做自由落体运动，每次落地后球都会反弹，且反弹的高度每次均为落下时高度的一半，要求使用递归函数分别计算球第 15 次落地后经过的总距离和第 15 次落地后球反弹的高度。高空抛球任务思路如下：

（1）根据上述规则定义函数，用于接收用户需要计算的指定下落次数的经过的总距离。参考公式为：第一次落地经过的距离为 100，第二次落地经过的距离为 $100+100\times\frac{1}{2}^{2-2}$。

（2）定义递归函数，实现计算第 n 次落地时反弹的高度。

知识提炼

Python 允许在当前函数内调用另一个函数，如果当前函数直接、间接地调用了函数本身，则可以将这个函数称为递归函数，简单来说就是自己调用自己。以递归函数形式实现 3 的阶乘，代码如下：

```
def fact(n):
  if n==1:
    return 1
  return n * fact(n - 1)
print(fact(3))
```

结果如图 5-26 所示。

3的阶乘为： 6

图 5-26　递归函数实现阶乘

上述代码执行流程如图 5-27 所示。

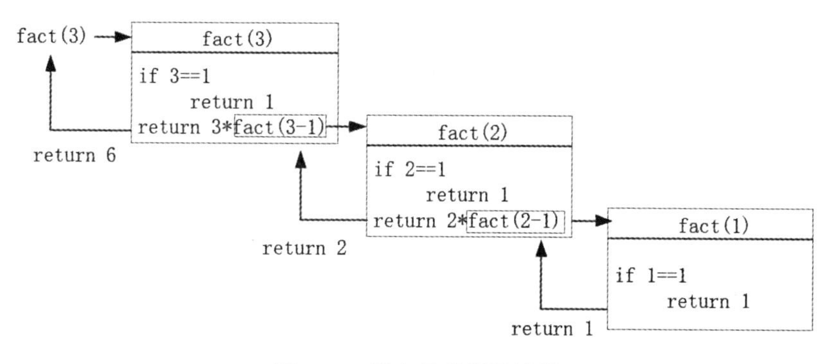

图 5-27　递归函数调用过程

递归函数

任务实施

第一步：定义用于计算球在下落和不断反弹中总共经过的距离的递归函数，调用该函数计算球第 15 次落地后经过的距离，代码如下：

```
def distance(n):
  # 经过的高度
  if n == 1:
    return 200
  else:
    return distance(n-1)+200*((1/2)**(n-2))
print("球第15次落地后经过的距离为：", distance(15))
```

结果如图 5-28 所示。

球第15次落地后经过的距离为： 599.9755859375

图 5-28 第 15 次落地后经过的距离

第二步：定义用于计算落地后球反弹高度的递归函数，并调用该函数计算第 15 次落地后反弹的高度，代码如下：

```
def rebound(n):
    # 反弹的高度
    if n == 1:
        return 100
    else:
        return rebound(n-1)/2
print("第15次落地后反弹的高度为：",rebound(15))
```

结果如图 5-29 所示。

第15次落地后反弹的高度为： 0.006103515625

图 5-29 第 15 次落地后反弹的高度

知识梳理与总结

通过对本项目的学习，我们分别完成了完数判断、人体 BMI 计算、员工工资表统计与高空抛球四个任务，并在完成这些任务的同时学习了函数的定义和作用，掌握了定义与调用函数的方法；熟悉并掌握了 Python 中常用的内置函数，以及递归函数的使用方法和执行流程。

任务总体评价

通过学习本任务，看自己是否掌握了以下技能，在技能检测表中标出已掌握的技能。

评价标准	个人评价	小组评价	教师评价
（1）是否能够掌握函数定义的方法			
（2）是否熟悉局部变量与全局变量的区别			
（3）是否了解实际参数与形式参数的区别			
（4）是否掌握了什么是值传递和引用传递及其区别			
（5）是否熟悉递归函数的调用过程并能够使用递归函数解决问题			

备注：A 为能做到；B 为基本能做到；C 为部分能做到；D 为基本做不到。

自主探究

猴子每天吃比前一天的一半还多 1 个桃，第十天时剩一个桃子，问第一天有多少个桃子？要求定义一个递归函数解决此问题。

项目 6　Python 面向对象

项目概述

早期的计算机编程是基于面向过程的方法，例如实现算术运算 1+1+2 = 4，通过设计一个算法就可以解决当前的问题。随着计算机技术的不断提高，计算机用于解决越来越复杂的问题，面向过程的结构化设计方法出现了很多问题，此时面向对象的设计方法被提出。面向对象是一种程序设计范型，同时是一种程序开发的方法，将对象作为程序的基本单元，将程序和数据封装其中，以提高软件的重用性、灵活性和扩展性。本项目将通过认识 Python 的面向对象编程实现产品库存的管理。

教学目标

知识目标

- 了解面向对象的相关概念。
- 熟悉类和对象的定义。
- 掌握属性和方法的访问。

技能目标

- 熟悉在面向对象编程中定义类并创建对象。
- 掌握属性的自定义和访问。
- 掌握不同类型方法的自定义和访问。
- 掌握实现类的继承和方法重写的方法。

任务 1　创建类

任务要求

类和对象是面向对象编程的核心，类是对象的抽象，对象是类的具体实例，本任务是实现类定义和对象的实例化，思路如下：

（1）创建产品类。

（2）创建库存类。

知识提炼

1. 面向对象概述

面向对象程序设计语言

（1）面向对象的定义。面向过程的核心是过程，是一种围绕事件展开的编程思想，过程就是实现事件的步骤。面向过程就是在编程之前，根据问题事先将解决问题的步骤（类似于流水线，一步接着一步）定义好，然后使用相关函数实现，最后按照定义好的顺序调用对应的函数。面向过程编程流程如图 6-1 所示。

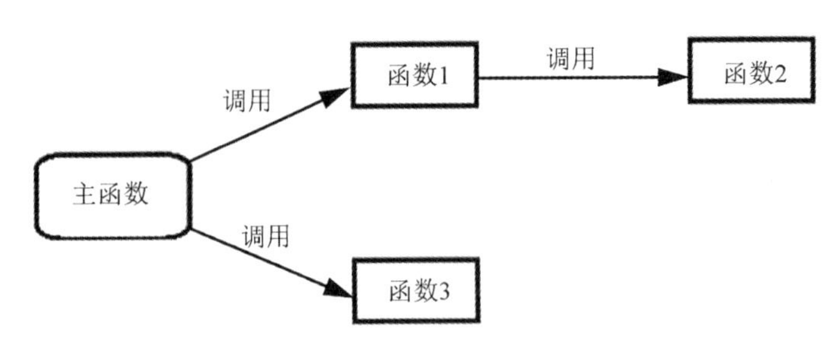

图 6-1　面向过程编程流程

面向过程主要应用于程序不易改变的场景，如 git、Apache HTTP Server 等，其极大地降低了程序编写的复杂程度，具体步骤清楚后，只需按照顺序堆叠代码即可。但代码结构紧凑、重用性低、扩展能力差，修改代码会产生极大的影响。

与面向过程编程相比，面向对象编程（Object Oriented Programming，OOP）的核心是对象，是一种围绕事物展开的编程思想。面向对象编程就是对构成问题的事物进行分解，将其分解成多个对象，每个对象包含某个事物在解决问题的整个步骤中的行为。面向对象编程流程如图 6-2 所示。

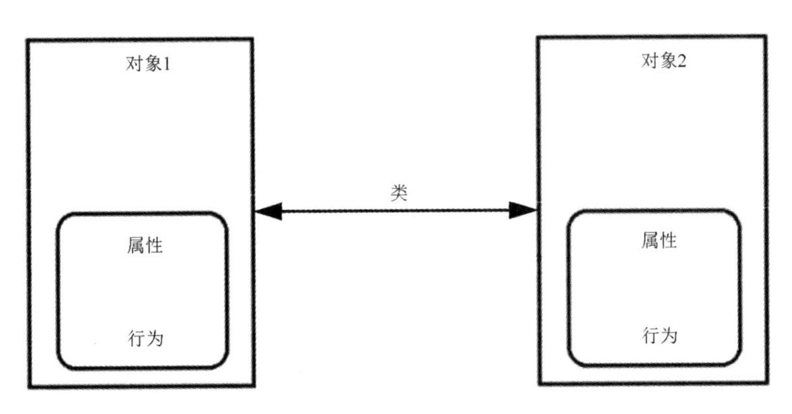

图 6-2　面向对象编程流程

面向过程适合一个人的小量工作；而面向对象更侧重于团队合作，适合需要很多人完成的大量工作。与面向过程相比，面向对象的优点如下：

- 结构清晰，程序是模块化和结构化的，更加符合人类的思维方式。
- 易扩展，代码重用率高，可继承，可覆盖，可以设计出低耦合的系统。
- 易维护，系统低耦合的特点有利于减小程序的后期维护工作量。

尽管面向对象编程解决了程序的扩展性问题，在修改某个对象时会立刻反映给整个程序，但其缺点同样不可忽略：

- 开销大。当要修改对象内部时，对象的属性不允许外部直接存取，所以要增加许多没有其他意义、只负责读或写的行为，会为编程工作增加负担，增加运行开销，并且使程序显得臃肿。
- 性能低。由于面向更高的逻辑抽象层，因此面向对象实现时，不得不做出性能上的牺牲，计算时间和空间存储都开销很大。

（2）面向对象的特性。在设计之初，Python 就具有面向对象的特点，面向对象编程可以使程序的维护和扩展变得更简单，并且可以大大提高程序开发效率。另外，基于面向对象的程序可以更加容易理解用户的代码逻辑，从而使团队开发变得更从容。目前，面向对象编程具有封装、继承、多态三个特性。

1）封装。封装是一种把代码和代码所操作的数据捆绑在一起，使这两者不受外界干扰和误用的机制。封装可理解为一种用作保护的包装器，以防止代码和数据被包装器外部所定义的其他代码任意访问。其优势如下：减少耦合；隐藏实现细节，提供公共的访问方式；提高了代码的复用性；提高了安全性。

2）继承。继承是指一个对象从另一个对象中获得属性和方法的过程。它支持按层次分类的概念，如果不使用层次的概念，每个对象需要明确定义各自的全部特征，通过层次分类方式，一个对象只需要在它的类中定义使它成为唯一的各属性和方法。

继承是一种创建新类的方式，在 Python 中，新建的类可以继承一个或多个父类，父类又可称基类或超类，新建的类称为派生类或子类。

目前，Python 中的继承根据形式的不同，可以分为单一（Single）、多层次（Multilevel）、分层（Hierarchical）、多个（Multiple）、混合（Hybrid）等继承方式，如图 6-3 所示。

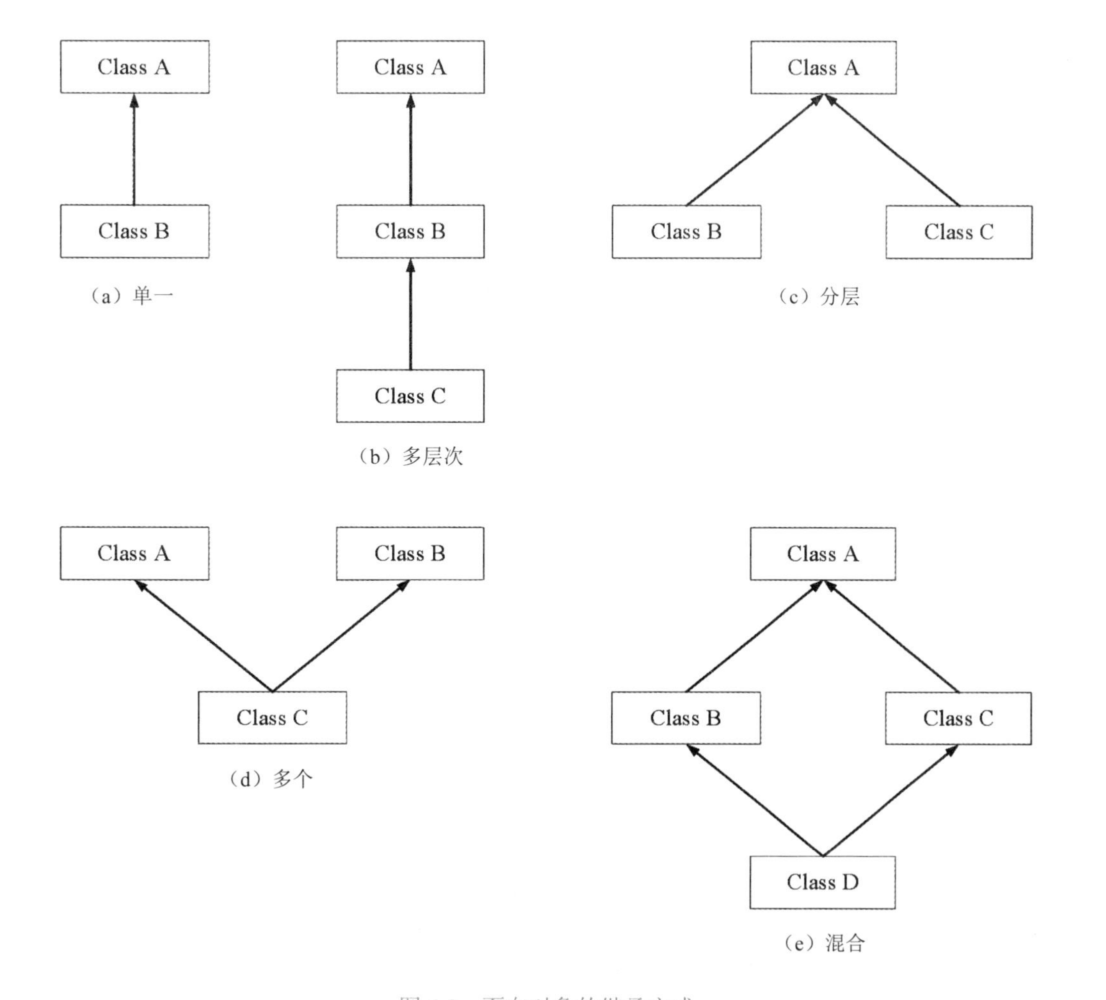

图 6-3　面向对象的继承方式

3）多态。多态是指同一个实体同时具有多种形式。简单来说，多态就是指子类在继承父类特征的同时，还具有本身的特征。如四边形的多态如图 6-4 所示。

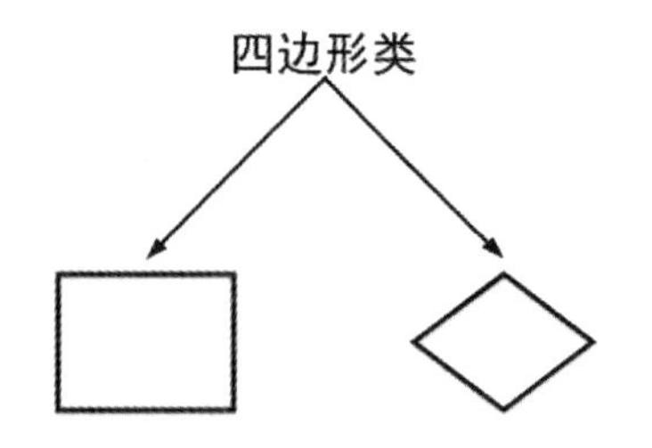

图 6-4　四边形的多态

在四边形的多态中有三个类，分别是四边形类、菱形类和矩形类。其中，菱形类和矩形类均继承于四边形类；并且，在边数相同时，面积和形状存在差异。

课程思政：团结协作，统筹兼顾

俗话说："一个和尚挑水喝，两个和尚抬水喝，三个和尚没水喝。"俗话也说："一只蚂蚁来搬米，搬来搬去搬不起，两只蚂蚁来搬米，身体晃来又晃去，三只蚂蚁来搬米，轻轻抬着进洞里。"这两种说法有截然不同的结果。"三个和尚"是一个团体，可是他们没水喝是因为互相推诿、不讲协作；"三只蚂蚁来搬米"之所以能"轻轻抬着进洞里"，正是团结协作。

随着知识技术时代的到来，各种知识、技术不断推陈出新，竞争日趋紧张激烈，社会需求越来越多样化，使人们在工作学习中所面临的情况和环境极其复杂。在很多情况下，如果还依靠过去那种个人能力，已经完全不能适应各种错综复杂的情况。所以这个时候我们做事要讲究团体精神，并且团队中的每个成员之间相互依赖、互相沟通、共同上进。只有综合大家的优势，才能解决面临的困难和问题，也才能取得事业上的成功。

2. 类和对象

在 Python 面向对象编程中，"类"和"对象"是核心，面向对象编程的所有内容都围绕着"类"和"对象"的使用。

（1）类。类是对象的抽象，是抽象的、不占用空间的，是具有相同特征和行为的事物的集合。例如，"学生"就是一个类，每名学生都有姓名、年龄、班级等共同特征。学生类如图 6-5 所示。

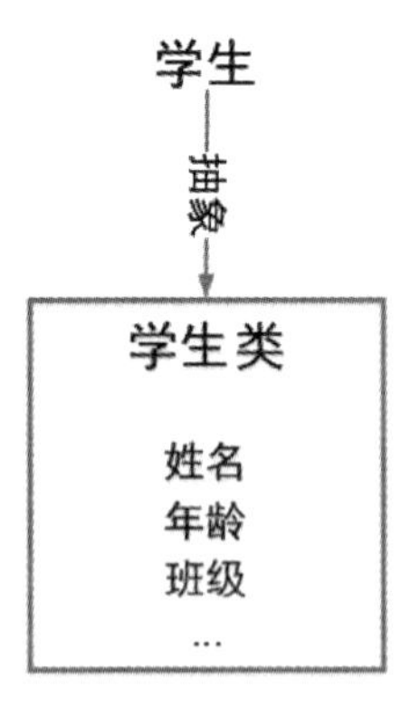

图 6-5　学生类

类的定义通过 class 关键字实现，语法格式如下：

```
class ClassName:
    '提示信息'
    class_suite
```

参数说明如下：

- ClassName：类的名称，在定义时字母需要大写，当使用多个单词时应用驼峰命名法，即每个单词的首字母均大写。
- ''/""：字符串类型，用于在类中进行提示，类似于注释，不会对类中的代码产生影响。
- class_suite：类体，主要由属性和方法组成。另外，在不设置功能的前提下，使用 pass 语句实现空类的定义。

下面使用 class 关键字定义一个名为 Student 的空类，代码如下：

```
class Student:
    pass
print(Student)
```

效果如图 6-6 所示。

```
<class '__main__.Student'>
```

图 6-6　类的定义

（2）对象。对象是类的具体实例，是现实生活中看得见、摸得着的具体存在的事物。比如学生张三和李四就是属于学生类的对象，张三和李四拥有学生共同的特征（姓名、年龄、班级等），但他们存在着有别于其他对象且属于自己的独特属性和行为，属性可以随着行为的改变而改变，比如张三的身高为 180cm、体重为 140kg，李四的身高为 175cm、体重为 150kg 等。学生对象如图 6-7 所示。

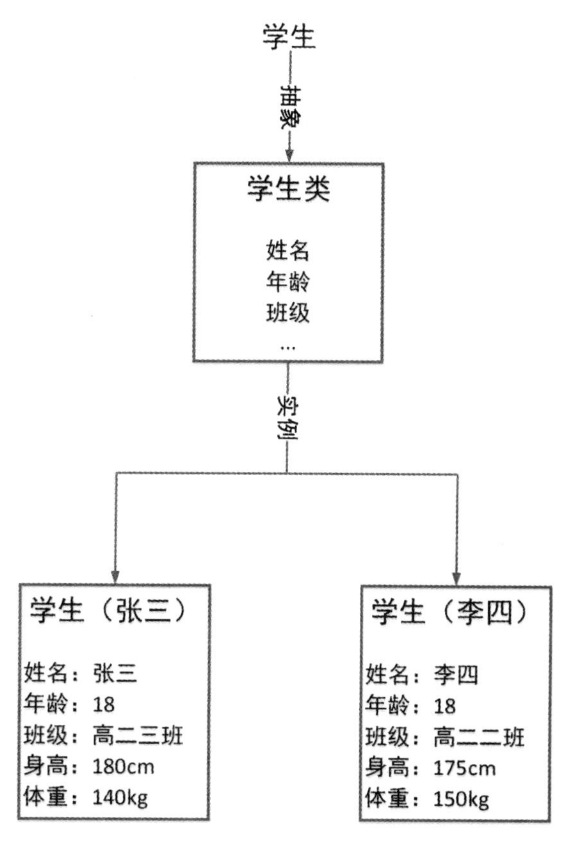

图 6-7　学生对象

对象的创建是通过对类的实例化操作实现的，只需在对象名称后加入小括号"()"即可，

语法格式如下：

```
obj=ClassName()
```

但当对象中存在 __init__(self,...) 构造函数时，实例化对象需要在小括号“()”中给定实际参数，语法格式如下：

```
obj=ClassName(参数1,参数2,...,参数n)
```

下面通过 Student 类实现对象 obj 的实例化，代码如下：

```
class Student:
    pass
# 实例化对象
obj=Student()
print(obj)
```

效果如图 6-8 所示。

```
<__main__.Student object at 0x000001C42DB0C2B0>
```

图 6-8　通过 Student 类实现对象 obj 的实例化

任务实施

通过上面的学习，掌握了类和对象的相关知识，通过以下步骤创建产品类和库存类。

第一步：创建产品类 Product，代码如下：

```
class Product:
'产品类'
```

第二步：创建库存类 Stock，代码如下：

```
class Stock:
'库存类'
```

任务 2　自定义属性并访问

任务要求

在完成类的自定义后，可通过变量定义的方法实现类中包含属性的自定义。本任务实现属性的自定义和访问，思路如下：

（1）定义产品类包含的属性。

（2）实例化对象并访问类中的属性。

（2）定义库存类包含的属性。

知识提炼

1. 内置类属性

在 Python 中，类的内置属性主要用于实现类相关信息的访问，包括类中所有属性的获取、类中提示信息的获取、类名称的获取等，使用时只需使用“类名称 . 内置类属性”即可。常用内置类属性见表 6-1。

表 6-1 常用内置类属性

属性	描述
__dict__	获取类的所有属性并以字典形式返回
__doc__	获取类中定义的字符串格式的提示信息
__name__	获取类的名称
__module__	获取类所在模块
__bases__	获取类所有父类的构成，并以元组形式返回

下面通过内置类属性获取类的信息，代码如下：

```
class Student:
  '学生类'
  pass
# 提示信息获取
print(Student.__doc__)
# 类名称获取
print(Student.__name__)
# 类所在模块获取
print(Student.__module__)
# 类所有属性获取
print(Student.__dict__)
```

效果如图 6-9 所示。

```
学生类
Student
__main__
{'__module__': '__main__', '__doc__': '学生类', '__dict__':
 <attribute '__dict__' of 'Student' objects>, '__weakref__':
 <attribute '__weakref__' of 'Student' objects>}
```

图 6-9 类相关信息获取

2. 自定义属性

在 Python 面向对象中，自定义的属性主要是指类中定义的相关变量。属性分为公有属性和私有属性，公有属性是指可以在类的外部被访问；私有属性是指不能在类的外部被访问，但可以在类的内部被使用，定义时只需在属性名称之前加入双下划线“__”即可。自定义属性的语法格式如下：

```
class ClassName:
  # 公有属性
  属性名称=值
  # 私有属性
  __属性名称=值
```

在定义完属性后，公有属性在类的外部可以通过类名称或对象名称结合点号“.”访问属性值，语法格式如下：

```
ClassName/obj.属性名称
```

而在类的内部，公有属性与私有属性主要在方法中使用，访问时需要通过 self 结合点

号 “.”，语法格式如下：

```
self.属性名称
```

下面定义一个包含名称、年龄的学生类，然后访问类中定义的属性，代码如下：

```
class Student:
  '学生类'
  # 公有属性
  name="张三"
  age="18"
  # 私有属性
  __height="180cm"
# 通过类名称访问name属性
print("name:",Student.name)
# 实例化对象
obj=Student()
# 通过实例对象访问age属性
print("age:",obj.age)
# 访问私有属性，会提示错误
print("height:",obj.__height)
```

效果如图 6-10 所示。

属性访问

```
name:  张三
age:  18
Traceback (most recent call last):
  File "C:\Users\liu\Desktop\python\main.py", line 104,
 in <module>
    print("height: ",obj.__height)
AttributeError: 'Student' object has no attribute
 '__height'
```

图 6-10 属性访问

任务实施

通过上面的学习，我们掌握了属性的定义和访问，通过以下几个步骤，模拟产品库存管理。

第一步：定义产品类包含属性，分别是产品名称、产品价格、产品数量和产品编号，代码如下：

```
class Product:
  def __init__(self, name, price, number, index):
    self.name = name
    self.price = price
    self.number = number
    self.index = index
# 格式化内容并返回
def ret(self):
    return {'name': self.name, 'price': self.price, 'number': self.number, 'index': self.index}
```

```
# 实例化对象
p=Product("apple",100,2,100001)
# 调用ret方法
product=p.ret()
print(product)
```

效果如图 6-11 所示。

```
{'name': 'apple', 'price': 100, 'number': 2, 'index': 100001}
```

图 6-11 创建产品类

第二步：定义库存类包含属性，通过构造方法设置空的产品列表，代码如下：

```
class Stock:
    def __init__(self):
        self.goods = []
```

任务 3 自定义方法并访问

任务要求

在面向对象中，方法主要是指类中定义的函数，根据定义的不同，可以将方法分为公有方法、私有方法、静态方法、类方法、属性方法、其他方法，本任务是实现产品操作方法的定义，思路如下：

（1）定义产品的添加方法。

（2）定义产品的取出方法。

（3）定义产品的查找方法。

（4）定义产品的数据统计方法。

知识提炼

1. 公有方法

公有方法主要是指类中自定义的普通函数，使用关键字 def 进行定义，之后可以通过对象名直接调用。与函数不同的是，方法必须包含第一个参数，通常使用 self 作为参数名称，表示类实例化后的对象，但这个参数的名称也可以任意设置，而不是必须用 self。公有方法定义与访问语法格式如下：

```
class ClassName:
    # 公有方法
    def Function(self,参数1,...,参数n):
        # 代码块
obj=ClassName()
# 方法调用
obj.Function(参数值1,...,参数值n)
```

下面定义一个学生类，之后在类中定义公有方法并输出学生的名称和年龄，代码如下：

```
class Student:
```

```
    '学生类'
    # 公有属性
    age="18"
    # 公有方法
    def say(self,name):
        print("name:",name)
        # 访问类中age属性
print("age:",self.age)
# 实例化对象
obj=Student()
# 通过实例对象调用say方法
obj.say("张三")
```

效果如图 6-12 所示。

```
name: 张三
age: 18
```

图 6-12　公有方法

2. 私有方法

与私有属性的定义相同，私有方法的定义同样以两个下划线“__”开始，之后加入方法名称即可，语法格式如下：

```
class ClassName:
    # 私有方法
    def __Function(self,参数1,...,参数n):
        # 代码块
```

私有方法同样不能在类的外部调用，只能在类内部的其他方法中使用 self 调用，语法格式如下：

```
class ClassName:
    # 私有方法
    def __Function(self,参数1,...,参数n):
        # 代码块
    # 公有方法
    def Function(self,参数1,...,参数n):
        # 私有方法调用
        self.__Function(参数值1,...,参数值n)
```

下面定义一个学生类，然后在类中定义私有方法并完成学生的自我介绍，代码如下：

```
class Student:
    # 私有方法
    def __say(self):
        print("I am a student")
    # 公有方法
    def say(self,name,age):
        # 私有方法调用
        self.__say()
        print("My name is",name)
        print("I am",age,"years old")
# 实例化对象
obj=Student()
# 公有方法调用
obj.say("zhangsan","18")
```

效果如图 6-13 所示。

```
I am a student
My name is zhangsan
I am 18 years old
```

图 6-13 私有方法

3. 静态方法

无论是公有方法还是私有方法，在定义时都需要接收 self 参数，而静态方法不需要接收任何参数，并且不能对类中的属性进行访问，但在定义方法之前需要使用 @staticmethod 装饰器，语法格式如下：

```
class ClassName:
  # 静态方法
  @staticmethod
  def Function(参数1,...,参数n):
    # 代码块
```

静态方法不同于公有方法和私有方法，其不仅可以直接通过类名称调用，而且可以通过对象调用，语法格式如下：

```
# 类调用
ClassName.Function(参数值1,...,参数值n)
# 对象调用
obj=ClassName()
obj.Function(参数值1,...,参数值n)
```

下面定义一个学生类，然后在类中定义静态方法，使用不同的方式实现静态方法的调用，代码如下：

```
class Student:
  # 静态方法
  @staticmethod
  def say(name,age):
    print("name:",name)
    print("age:",age)
# 类调用
Student.say("张三","18")
# 实例化对象
obj=Student()
# 对象调用
obj.say("李四","18")
```

效果如图 6-14 所示。

```
name:  张三
age:  18
name:  李四
age:  18
```

图 6-14 静态方法

4. 类方法

类方法是公有方法和静态方法的结合，既可以实现属性的访问，又可以通过类名称或对象名称调用，并且类方法存在一个必选参数——cla，其作用和意义与 self 的相同，也可以修改参数名称。在定义类方法之前需要使用 @classmethod 装饰器，语法格式如下：

```
class ClassName:
  # 类方法
  @classmethod
  def Function(cla,参数1,...,参数n):
    # 代码块
# 类调用
ClassName.Function(参数值1,...,参数值n)
# 对象调用
obj=ClassName()
obj.Function(参数值1,...,参数值n)
```

下面定义一个学生类，然后在类中定义类方法后，输出学生姓名和年龄，代码如下：

```
class Student:
  # 属性
  name="张三"
  # 类方法
  @classmethod
  def say(cla,name,age):
    # 访问类属性
    print("name:",cla.name)
    print("age:",age)
# 类调用
Student.say("张三","18")
```

效果如图 6-15 所示。

```
name: 李四
age: 28
```

图 6-15 类方法

5. 属性方法

在 Python 的面向对象编程中，还可以通过 @property 装饰器将只包含 self 参数的公有方法转换为一个属性，访问时直接通过对象结合方法名称，而不需要添加小括号“()”，语法格式如下：

```
class ClassName:
  # 属性方法
  @property
  def Function(self):
    # 代码块
obj=ClassName()
# 调用
obj.Function
```

下面定义一个学生类，然后在类中定义一个公有方法 say，最后转换为属性后调用，代码如下：

```
class Student:
```

```
    # 属性方法
    @property
    def say(self):
        print("我是一个属性方法。")
obj=Student()
obj.say
```

效果如图 6-16 所示。

我是一个属性方法。

图 6-16 属性方法

6. 其他方法

在 Python 面向对象编程中，还存在具有特定功能的其他方法，如构造方法、析构方法等，见表 6-2。

表 6-2 其他方法

方法	描述
__init__()	构造方法
__del__()	析构方法，删除对象

- __init__()。__init__() 方法是面向对象中的构造方法，创建对象时会被执行。该方法在使用时，第一个参数必须为 self，作用与公有方法中的 self 相同。当该方法中指定了 self 以外的参数，实例化对象时必须包含对应的参数值。__init__() 方法在类中使用的语法格式如下：

```
class ClassName:
    # 公有方法
    def __init__(self,参数1,...,参数n):
        # 代码块
obj=ClassName(参数值1,...,参数值n)
```

下面定义一个学生类，然后在类中定义构造方法并调用该方法输出学生的名称和年龄，代码如下：

```
class Student:
    '学生类'
    # 构造方法
    def __init__(self,name,age):
        print("name:",name)
print("age:",age)
# 实例化对象
obj=Student("王五","20")
```

效果如图 6-17 所示。

```
name: 王五
age: 20
```

图 6-17 构造方法

● __del__()。__del__() 是面向对象中的析构方法，在使用关键字 del 删除对象时被调用。其释放了对象占用的空间，触发了 Python 的垃圾回收机制。与 __init__() 方法相比，使用 __del__() 方法时，只需设置参数 self 即可。__del__() 方法在类中使用的语法格式如下：

```
class ClassName:
  # 析构方法
  def __del__(self):
    # 代码块
```

下面定义一个学生类，并在类中定义析构方法，实例化对象后，删除该对象触发析构方法，代码如下：

```
class Student:
  # 析构方法
  def __del__(self):
    # 获取对象所属类的名称
    class_name = self.__class__.__name__
    print(class_name,"被删除")
# 实例化对象
obj=Student()
print(obj)
# 删除对象，触发__del__()方法
del obj
print(obj)
```

效果如图 6-18 所示。

```
<__main__.Student object at 0x0000016588FFCFD0>
Student 被删除
Traceback (most recent call last):
  File "C:\Users\liu\Desktop\python\main.py", line 218,
 in <module>
    print(obj)
NameError: name 'obj' is not defined
```

图 6-18 析构方法

通过图 6-18 可知，当对象被删除并触发析构方法后，再次使用该对象会提示错误。

任务实施

通过上面的学习，我们掌握了方法定义及访问的相关知识，通过以下几个步骤，在 Stock 类中定义产品操作的相关方法。

第一步：在 Stock 类中定义产品添加方法，如果是新产品，则直接添加到原有库存中；如果不是新产品，则添加产品的数量，代码如下：

```
defadd(self,product):
  # goods中有库存
  iflen(self.goods) > 0:
    # 标记，用于后面对当前产品是否存在做判断
```

```
flag = 0
# 循环获取goods中的产品数据
for i in range(len(self.goods)):
  # 判断当前产品的编号是否在goods中存在
  if (self.goods[i]['index'] == product['index']):
  # 存在，修改产品数量
    self.goods[i]['number'] +=product['number']
    # 修改标记变量，表示产品存在
    flag = 1
    break
  # 通过标记变量判断，当其值为0时，表示产品不存在
  if flag == 0:
    # 添加产品数据到goods列表中
    self.goods.append(product)
  # goods中无库存
  else:
    self.goods.append(product)
# 实例化类
s=Stock()
# 调用add方法
s.add(product)
# 访问goods属性
print(s.goods)
```

效果如图 6-19 所示。

```
[{'name': 'apple', 'price': 100, 'number': 2, 'index': 100001}]
```

图 6-19 添加产品

第二步：在 Stock 类中定义产品取出方法，当库存中有产品时，如果产品数量小于所需数量，则输出“库存数量不足”；如果产品数大于或等于所需数量，则减少库存，并输出“剩余库存 n 个”。当库存中没有产品时，则输出“库存中没有该产品”。代码如下：

```
def dele(self, product):
  # 标记
  flag = 0
  # 遍历goods中的产品数据
  for i in range(len(self.goods)):
    # 判断库存产品的编号和名称与取出产品的编号和名称是否一致
    if (self.goods[i]['index'] == product['index'] and self.goods[i]['name'] == product['name']):
      # 一致，修改标记变量
      flag = 1
      # 判断库存产品的数量是否大于等于取出产品的数量
      if (self.goods[i]['number'] >= product['number']):
        # 取出产品
        self.goods[i]['number'] -= product['number']
        print("取出成功")
        print('产品ID：%s | 产品名称：%s | 剩余数量：%s | 产品价格：%s' % (self.goods[i]['index'],
            self.goods[i]['name'], self.goods[i]['number'], self.goods[i]['price']))
      # 库存产品数量不足
```

```
                else:
                    print('取出失败')
                    print("库存数量不足！！")
                    print('产品ID：%s | 产品名称：%s | 产品数量：%s | 产品价格：%s' % (self.goods[i]['index'],
                        self.goods[i]['name'], self.goods[i]['number'], self.goods[i]['price']))
                break
        if (flag == 0):
            print("库存中没有该产品！！")
# 实例化类
s=Stock()
# 调用add方法
s.add(product)
p2=Product("apple",100,2,100001)
product2=p2.ret()
# 调用dele方法取出产品
s.dele(product2)
p3=Product("apple",100,1,100001)
product3=p3.ret()
s.dele(product3)
p4=Product("banana",100,1,100001)
product4=p4.ret()
s.dele(product4)
```

效果如图 6-20 所示。

```
取出成功
产品ID：100001 | 产品名称：apple | 剩余数量：0 | 产品价格：100
取出失败
库存数量不足！！
产品ID：100001 | 产品名称：apple | 产品数量：0 | 产品价格：100
库存中没有该产品！！
```

图 6-20　取出产品

第三步：在 Stock 类中定义产品查找方法，如果库存中有产品的编号或名称，则输出产品的详细信息；如果库存中没有，则输出“库存中没有该产品”。代码如下：

```
def query(self, l):
    """
    查找产品：
        库存中有产品：
            输出产品详情
        库存中没有产品：
            输出提示--没有产品
    """
    # 标记
    flag = 0
    # 判断数据类型
        for i in range(len(self.goods)):
            # 判断库存中是否存在查询的产品编号
```

```
            if (self.goods[i]['index'] == l):
                flag = 1
                print('产品ID：%s | 产品名称：%s | 产品数量：%s | 产品价格：%s' % (self.goods[i]['index'],
                    self.goods[i]['name'], self.goods[i]['number'], self.goods[i]['price']))
    else:
        # 字符串类型
        for i in range(len(self.goods)):
            # 判断库存中是否存在查询的产品名称
            if (self.goods[i]['name'] == l):
                flag = 1
                print('产品ID：%s | 产品名称：%s | 产品数量：%s | 产品价格：%s' % (self.goods[i]['index'],
                    self.goods[i]['name'], self.goods[i]['number'], self.goods[i]['price']))
    if (flag == 0):
        print("库存中没有该产品！！")
# 实例化对象
s=Stock()
# 添加产品
s.add(product)
# 查询编号为100001的产品
s.query(100001)
# 查询编号为100的产品
s.query(100)
# 查询名称为apple的产品
s.query("apple")
# 查询名称为banana的产品
s.query("banana")
```

效果如图 6-21 所示。

```
产品ID: 100001 | 产品名称: apple | 产品数量: 2 | 产品价格: 100
库存中没有该产品！！
产品ID: 100001 | 产品名称: apple | 产品数量: 2 | 产品价格: 100
库存中没有该产品！！
```

图 6-21 查询产品

第四步：在 Stock 类中定义产品数据统计方法，主要输出每个产品的信息，以及对产品的总数量和总价进行统计。代码如下：

```
def statistics(self):
    # 定义统计变量
    num = 0
    sum = 0
    # 遍历goods中的产品数据
    for i in range(len(self.goods)):
        # 统计产品总数
        num += self.goods[i]['number']
        # 统计产品总价
        sum += self.goods[i]['number'] * self.goods[i]['price']
```

```
        # 输出每个产品的信息
        print('产品ID：%s | 产品名称：%s | 产品数量：%s | 产品价格：%s' % (self.goods[i]['index'],
            self.goods[i]['name'], self.goods[i]['number'], self.goods[i]['price']))
    print('-' * 50)
    print('总计：产品总数：%s |产品总价：%s' % (num, sum))
# 实例化对象
s=Stock()
# 添加产品
s.add(product)
p5=Product("banana",100,2,100002)
product5=p5.ret()
s.add(product5)
p6=Product("banana",100,2,100002)
product6=p6.ret()
s.add(product6)
# 统计产品
s.statistics()
```

效果如图 6-22 所示。

```
产品ID：100001 | 产品名称：apple | 产品数量：2 | 产品价格：100
产品ID：100002 | 产品名称：banana | 产品数量：4 | 产品价格：100
--------------------------------------------------
总计：产品总数：6 |产品总价：600
```

图 6-22 统计产品

任务 4 继承类并重写方法

任务要求

在 Python 的面向对象编程中，继承是指一个对象从另一个对象中获得属性和方法的过程，并且在继承后可以重写继承的方法。本任务是实现库存类的继承并重写类中包含方法，思路如下：

（1）创建新的库存类并继承 Stock 类。

（2）重写 Stock 类中的 statistics 方法。

知识提炼

1. 类的继承

在 Python 中，类的继承非常简单，只需在派生类的名称后面加入小括号“()”即可，小括号中加入需要被继承父类的名称，多个父类的名称通过逗号“,”连接，类继承的语法格式如下：

```
class ClassName(ParentClassName,...):
    '提示信息'
    class_suite
```

下面定义一个Parent类，之后在声明Child类的同时继承Parent类中的方法，代码如下：

```
# 定义父类
class Parent:
    def say(self):
        print('父类方法被调用')
# 定义子类并继承父类
class Child(Parent):
    def speak(self):
        print('子类方法被调用')
# 实例化对象
obj=Child()
# 调用父类方法
obj.say()
# 调用子类方法
obj.speak()
```

效果如图6-23所示。

```
父类方法被调用
子类方法被调用
```

图6-23　类的继承

类的继承

课程思政：传承优良传统，坚守初心使命

为中国人民谋幸福，为中华民族谋复兴，是中国共产党人的初心和使命。一百多年来，中国共产党人不忘初心、牢记使命，领导人民不断探索、不断实践，在攻坚克难中不断从胜利走向胜利，取得了令世人瞩目的历史性成就。今天，中国特色社会主义进入新时代，我们比历史上任何时期都更接近、更有信心和能力实现中华民族伟大复兴。习近平总书记提醒我们，千万不能在一片喝彩声、赞扬声中丧失革命精神和斗志，逐渐陷入安于现状、不思进取、贪图享乐的状态，而是要牢记船到中流浪更急、人到半山路更陡，把不忘初心、牢记使命作为加强党的建设的永恒课题，作为全体党员、干部的终身课题。广大党员干部要抓住开展“不忘初心、牢记使命”主题教育的契机，锤炼忠诚干净担当的政治品格，在传承优良传统中践行党的初心和使命。

学习党的历史，提高政治站位。历史是最好的教科书，中国革命历史是最好的营养剂。中国共产党的奋斗历史，不仅包含着共产党人的理想信念和革命精神，还蕴含着共产党人的优良传统和崇高品格，是砥砺我们不忘初心、牢记使命的不竭精神动力。多重温这些伟大历史，可以让广大党员干部更加清醒地认识并牢记红色政权是从哪里来的、新中国是怎么建立起来的。要以史为鉴，倍加珍惜今天来之不易的和平环境和幸福生活，把革命精神和优良传统发扬光大，在新时代把革命先辈开创的伟大事业不断推向前进。

2. 方法重写

当父类中包含的方法在子类中同样存在时，父类中的方法将被重写，也就是通过子类调用该方法时，只会运行子类中该方法包含的代码。修改上面类的继承代码，将子类的speak方法名称修改为say后，调用该方法，代码如下：

```
# 定义父类
class Parent:
    def say(self):
```

```
        print('父类方法被调用')
# 定义子类并继承父类
class Child(Parent):
    def say(self):
        print('子类方法被调用')
# 实例化对象
obj=Child()
# 子类调用重写方法
obj.say()
```

效果如图 6-24 所示。

子类方法被调用

图 6-24 方法重写

任务实施

通过上面的学习，我们掌握了类的继承与方法重写的相关知识，通过以下几个步骤，继承库存类并对类中的产品数据统计方法进行重写。

第一步：创建一个新的库存类 NewStock 并继承 Stock 类，代码如下：

```
class NewStock(Stock):
'新的库存类'
```

第二步：重写 Stock 类中的产品数据统计方法 statistics，添加产品排序功能，代码如下：

```
    def statistics(self):
        # 定义统计变量
        num = 0
        sum = 0
        # 遍历goods中的产品数据并按数量进行从大到小的排序
        for i in range(len(self.goods)-1):
            for j in range(i,len(self.goods)-1):
            # 排序数据
                if(self.goods[i]['number']<self.goods[j+1]['number']):
                    self.goods[i], self.goods[j+1] = self.goods[j+1], self.goods[i]
        for i in range(len(self.goods)):
            # 统计产品总数
            num += self.goods[i]['number']
            # 统计产品总价
            sum += self.goods[i]['number'] * self.goods[i]['price']
            # 输出每个产品的信息
            print('产品ID：%s | 产品名称：%s | 产品数量：%s | 产品价格：%s' % (self.goods[i]['index'],
                self.goods[i]['name'], self.goods[i]['number'], self.goods[i]['price']))
            print('-' * 50)
            print('总计：产品总数：%s |产品总价：%s' % (num, sum))
# 实例化对象
new_s=NewStock()
new_s.add(product)
# 添加产品
p5=Product("banana",100,2,100002)
```

```
product5=p5.ret()
new_s.add(product5)
p6=Product("banana",100,2,100002)
product6=p6.ret()
new_s.add(product6)
# 统计产品
new_s.statistics()
```

效果如图 6-25 所示。

```
产品ID：100002 | 产品名称：banana | 产品数量：4 | 产品价格：100
产品ID：100001 | 产品名称：apple | 产品数量：2 | 产品价格：100
--------------------------------------------------
总计：产品总数：6 |产品总价：600
```

图 6-25　产品排序并统计

知识梳理与总结

通过对本项目的学习，完成产品库存的管理，并在实现过程中了解什么是面向对象，熟悉类和对象的定义，掌握类中属性的访问，掌握不同方法的定义及使用方式，能够实现类的继承和方法重写。

任务总体评价

通过学习本任务，看自己是否掌握了以下技能，在技能检测表中标出已掌握的技能。

评价标准	个人评价	小组评价	教师评价
（1）是否能够创建类			
（2）是否能够实例化对象			
（3）是否能够定义并访问属性			
（4）是否能够定义并调用方法			
（5）是否能够继承类并重写方法			

备注：A 为能做到；B 为基本能做到；C 为部分能做到；D 为基本做不到。

自主探究

1. 探究私有属性的定义及访问。
2. 探究不同方法的优缺点。

项目 7　Python 文件操作及异常处理

项目概述

文件是具有符号的一组关联元素的有序序列，能够以电子文档或纸质文档为载体；而计算机文件属于文件的一种，与普通文件载体不同，计算机文件是以计算机硬盘为载体存储在计算机上的信息集合，如文本文档、图片等。异常处理是编程语言中的一种机制，可以处理软件或信息系统运行时出现的异常情况，从而保证软件或信息系统的正常运行。本项目将通过认识文件操作方法以及异常处理语句的使用实现文件操作和异常处理。

教学目标

知识目标

- 了解文件路径。
- 了解异常的含义。

技能目标

- 熟悉文件操作方法的使用方法。
- 掌握目录操作方法的使用方法。
- 掌握文件信息的查询方法。
- 掌握异常的处理方法。

任务 1　对本地文件进行操作

任务要求

计算机文件是以计算机硬盘为载体存储在计算机上的信息集合，如文本文档、图片等。本任务是对本地的文本文件进行操作，思路如下：

（1）创建并打开文件。

（2）写入动态信息。

（3）追加写入动态信息。

（4）读取前 9 个字符。

（5）按行读取。

（6）读取全部数据并遍历输出。

知识提炼

1. 文件操作

（1）文件路径。路径就是指文件在当前环境中存储的地址。根据对象的不同，可以将文件的路径分为绝对路径和相对路径。例如图 7-1 所示的目录树，其中由横线连接的为文件夹，如 BaiduNetdisk、browserres 等；由竖线和空格连接为文件，如 Autoupdate.exe、AutoUpdate.xml 等。

```
D:.
├─BaiduNetdisk
| | api-ms-win-core-console-l1-1-0.dll
| ├─AutoUpdate
| | | Autoupdate.exe
| | └─Download
| |     | AutoUpdate.xml
| ├─browserres
| | | cef.pak
| | └─locales
| |         en-us.pak
| └─users
|     | BaiduNetdiskData.dat
├─BaiduNetdiskDownload
├─bin
| | awt.dll
```

图 7-1 目录树

- 绝对路径。在 Python 中，绝对路径是指文件的完整路径，即从根目录（文件夹）开始，不受对象的限制，可以随时随地被访问。例如 D\BaiduNetdisk\api-ms-win-core-console-l1-1-0.dll 即一个绝对路径。
- 相对路径。与绝对路径相比，使用相对路径时需要明确目标对象，也就是明确当前所在，之后根据需要向上一级目录、当前目录、下一级目录或文件进行查找。其中，“..\”用于指定上一级，例如当前所在位置为 AutoUpdate 目录，经过“..\”后将指向 BaiduNetdisk 目录；“.\”用于指定当前目录，例如当前所在位置为 AutoUpdate 目录，经过“.\”后指向的还是 AutoUpdate 目录；“\”用于向下指定，例如当前所在位置为 AutoUpdate 目录，经过多次“\”后将定位到 AutoUpdate.xml 文件。

（2）文件操作。Python 支持的文件操作有文件的打开、文件的关闭、文件内容的读取及将内容写入文件等，根据操作的不同，Python 提供了多种实现文件操作的内置函数。常用文件操作内置函数见表 7-1。

表 7-1 常用文件操作内置函数

函数	描述
open()	打开文件
write()	写入文件内容
writelines()	写入多个内容
read()	读取文件内容
readline()	按行读取
readlines()	读取多个内容
close()	关闭文件

1）open()。在 Python 中，open() 方法用于打开一个指定的文件，当文件不存在时，在当前代码的执行路径下创建该文件并打开，然后返回一个可迭代的文件对象，通过该文件对象可以对文件中的内容进行相关操作，语法格式如下：

```
open(file_name,mode='r',encoding=None)
```

参数说明见表 7-2。

表 7-2　open() 方法参数说明

参数	描述
file_name	包含文件名称的路径
mode	文件可执行的操作模式
encoding	编码和解码方式，只适用于文本模式，能够支持 Python 中的任意格式，如 GBK、UTF-8、CP936 等，一般使用 UTF-8 格式

其中，mode 在进行文件操作限制的设置时，可选择的参数值见表 7-3。

表 7-3　mode 可选择的参数值

参数值	描述
r	读模式，如果文件不存在则抛出异常
w	写模式，如果文件已存在，则清空原有内容；如果文件不存在，则创建一个新文件进行写入
a	追加模式，如果文件已存在，则不覆盖文件中原有内容；如果文件不存在，则创建一个新文件进行写入
x	写模式，如果文件不存在，则创建新文件；如果文件已存在，则抛出异常
+	增强模式，可使文件具有读、写功能，必须与 r、w、a、x 结合使用
b	二进制模式，可将文件中的内容转换为二进制，必须与 r、w、a、x 结合使用

下面使用 open() 方法以写模式打开一个当前目录不存在的文件——test.txt，代码如下：

```
f=open('D:\\test.txt',mode='w')
print(f)
```

效果如图 7-2 所示。

```
<_io.TextIOWrapper name='D:\\test.txt' mode='w' encoding='cp936'>
```

图 7-2　创建文件并打开

2）write()、writelines()。write() 和 writelines() 是用于向文件中写入内容的方法。其中，write() 方法将指定的字符串写入文件，并返回当前写入字符串的长度，但文件关闭前，写入的内容存储在缓冲区，因此在文件中无法查看文件内容。使用 write() 方法时只需指定写入字符串即可，语法格式如下：

```
fileObject.write(str)
```

writelines() 方法与 write() 方法相比，一次只能写入一个字符串内容，可以接收字符串并写入，也可以接收列表格式的多个写入内容，但无任何返回内容，语法格式如下：

```
fileObject.writelines(str/list)
```

下面使用 writelines() 方法向 test.txt 文件写入内容，代码如下：

```
f=open('D:\\test.txt',mode='w')
list=["Python 1\n", "Python 2\n"]
# 写入多个内容
f.writelines(list)
# 写入单个内容
f.writelines("Python 3")
f.close()
```

效果如图 7-3 所示。

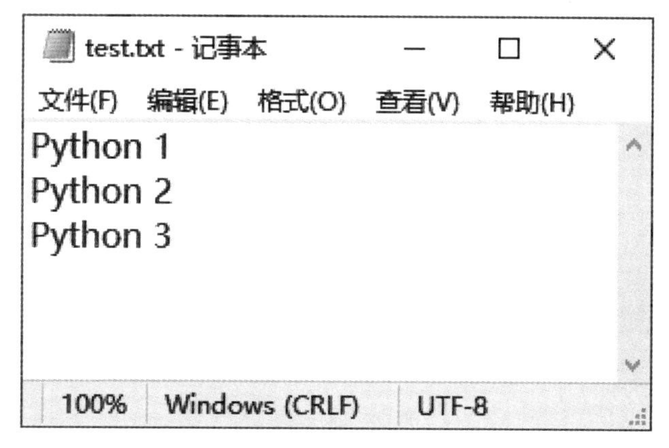

图 7-3 内容写入

3）read()、readline()、readlines。read()、readline() 和 readlines() 方法主要用于实现文件中内容的读取。其中，read() 方法读取文件中的所有内容，并返回一个包含所有内容的字符串；readline() 方法按行读取文件中的内容，每执行一次就读取一行；readlines() 方法同样读取文件中的所有内容，但将读取的内容以列表的形式返回，每行内容作为一个列表元素。read() 方法与 readline() 方法的使用方式基本相同，通过指定参数值，可以从文件中读取指定参数值的字节数，默认值为 -1，表示读取全部或整行内容，语法格式如下：

```
# 读取全部内容
fileObject.read(size)
# 按行读取内容
fileObject.readline(size)
```

readlines() 方法不需要任何参数即可读取全部内容，语法格式如下：

```
fileObject.readlines()
```

下面分别使用 read() 和 readline() 方法读取 test.txt 文件中包含的内容，代码如下：

```
f=open('D:\\test.txt',mode='r')
# 读取全部内容
print(f.read())
f.close()
f=open('D:\\test.txt',mode='r')
# 按行读取内容
# 读取第一行内容
print(f.readline())
# 读取第二行内容
print(f.readline())
# 读取第三行内容
```

```
print(f.readline())
f.close()
```

效果如图 7-4 所示。

```
Python 1

Python 2

Python 3
```

图 7-4 内容读取

4）close()。close() 方法用于关闭一个已经被打开的文件，在文件内容操作完成后，必须关闭文件。并且关闭后的文件不能再进行读写操作，否则会提示错误。使用 close() 方法时不需要设置任何参数，语法格式如下：

```
fileObject.close()
```

为了避免打开文件后忘记关闭的情况出现，Python 还提供了一种打开文件的方法，可以将 with 语句与 open() 方法结合，当 with 代码块执行完毕后，会自动关闭打开的文件并释放文件资源，语法格式如下：

```
with open() as fileObject:
   # 代码块
   ...
```

下面使用 with 语句结合 open() 方法实现 data.txt 文件的操作，代码如下：

```
with open('D:\\data.txt',mode='w+') as f:
   list=["Python 1\n", "Python 2"]
   f.writelines(list)
```

效果如图 7-5 所示。

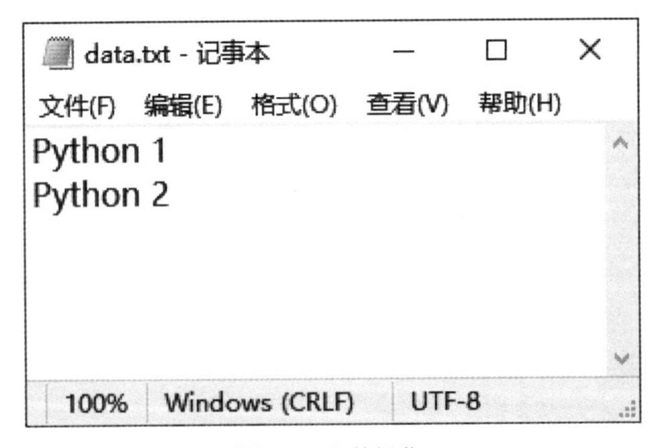

图 7-5 文件操作

文件操作

2. 目录操作

（1）目录操作。在 Python 中，除了使用内置函数进行文件及其包含内容的相关操作外，还可使用用于实现文件和目录处理的内置库——os，如文件操作权限的查询和更改、文件和目录的删除和重命名等。os 库常用方法见表 7-4。

表 7-4 os 库常用方法

方法	描述
os.access(path,mode)	验证权限，path 为文件或目录路径，mode 为检验内容，返回值为 True 或 False
os.chmod(path,flags)	更改权限，path 为文件或目录路径，flags 为设置的权限
os.getcwd()	查看当前工作目录
os.open(file,mode,flags)	打开文件，file 为文件的路径，mode 为打开方式，flags 为可选参数，用于设置权限
os.read(fd,n)	读取内容，fd 为文件打开时生成的文件对象，n 为读取的字节数
os.close(fd)	关闭文件，fd 为文件打开时生成的文件对象
os.remove(path)	删除文件，path 为文件路径
os.rename(src,dst)	重命名文件或目录，src 为被更改的目录或文件名称，dst 为更改后的目录或文件名称
os.rmdir(path)	删除空目录，path 为目录路径
os.path	获取文件的属性信息

其中，os.access() 方法中的 mode 参数主要用于设置验证方式，如测试是否存在、是否可读等，包含的参数值见表 7-5。

表 7-5 mode 包含的参数值

参数值	描述
os.F_OK	验证是否存在
os.R_OK	验证是否可读
os.W_OK	验证是否可写
os.X_OK	验证是否可执行

flags 参数主要用于设置权限，使用时需要与 stat 模块结合使用，包含的参数值见表 7-6。

表 7-6 flags 包含的参数值

参数值	描述
stat.S_IXOTH	其他用户有执行权
stat.S_IWOTH	其他用户有写权限
stat.S_IROTH	其他用户有读权限
stat.S_IRWXO	其他用户有全部权限
stat.S_IXGRP	组用户有执行权限
stat.S_IWGRP	组用户有写权限
stat.S_IRGRP	组用户有读权限
stat.S_IRWXG	组用户有全部权限
stat.S_IXUSR	拥有者有执行权限
stat.S_IWUSR	拥有者有写权限
stat.S_IRUSR	拥有者有读权限
stat.S_IRWXU	拥有者有全部权限
stat.S_ISVTX	拥有者有删除权限

与 os.access() 方法相比，os.open() 方法同样存在 mode 参数，主要用于设置打开方式，如只读方式打开、只写方式打开等，包含的参数值见表 7-7。

表 7-7 mode 包含的参数值

参数值	描述
os.O_RDONLY	以只读的方式打开
os.O_WRONLY	以只写的方式打开
os.O_RDWR	以读写的方式打开
os.O_APPEND	以追加的方式打开

下面使用 os.access() 方法验证 data.txt 文件是否存在后，使用 os.open() 以只读方式打开并读取文件包含的内容，再使用 os.remove() 方法将其删除，代码如下：

```
import os
# 验证路径是否存在
print("路径是否存在：",os.access('D:\\data.txt',os.F_OK))
# 以只读方式打开文件
fd=os.open('D:\\data.txt',os.O_RDONLY)
# 读取十个字节
print("读取十个字节：",os.read(fd,10))
# 关闭文件
os.close(fd)
# 删除文件
os.remove('D:\\data.txt')
# 验证路径是否存在
print("路径是否存在：",os.access('D:\\data.txt',os.F_OK))
```

效果如图 7-6 所示。

```
路径是否存在： True
读取十个字节： b'Python 1\n'
路径是否存在： False
```

图 7-6 os 库文件操作

（2）文件信息查询。os 库还提供了 path 模块，其包含多个用于获取文件信息的相关方法，如文件名称、绝对路径、文件路径、修改时间等内容的获取，在使用时只需提供文件或目录路径即可，常用方法见表 7-8。

表 7-8 path 模块常用方法

参数值	描述
abspath(path)	查看绝对路径
basename(path)	查看文件名
dirname(path)	查看文件路径
exists(path)	判断路径是否存在，返回值为 True 或 False
getmtime(path)	查看最近文件修改时间
getctime(path)	查看文件创建时间
getsize(path)	查看文件大小，当文件不存在时提示错误

续表

参数值	描述
isabs(path)	判断是否为绝对路径
isfile(path)	判断是否为文件
isdir(path)	判断是否为目录
splitext(path)	分割路径中的文件名与拓展名

下面使用不同方法查看文件 test.txt 的相关信息，代码如下：

```
import os
# 绝对路径
print("绝对路径",os.path.abspath('D:\\test.txt'))
# 判断路径是否存在
print("判断路径是否存在：",os.path.exists('D:\\test.txt'))
# 文件大小
print("文件大小：",os.path.getsize('D:\\test.txt'))
# 是否为文件
print("是否为文件：",os.path.isfile('D:\\test.txt'))
```

效果如图 7-7 所示。

```
绝对路径 D:\test.txt
判断路径是否存在： True
文件大小： 28
是否为文件： True
```

图 7-7　os 库文件信息获取

任务实施

通过上面的学习，我们掌握了文件相关操作知识，通过以下几个步骤，实现信息的相关操作。

第一步：以只写方式打开文件，如文件存在，则将其覆盖，否则创建新文件，代码如下：

```
print("="*10,"蚂蚁庄园动态","="*10)
file=open("message.txt","w",encoding="utf-8")
print(file)
print("即将显示")
```

效果如图 7-8 所示。

```
========== 蚂蚁庄园动态 ==========
<_io.TextIOWrapper name='message.txt' mode='w' encoding='utf-8'>
即将显示
```

图 7-8　创建文件并打开

第二步：使用 write() 方法向刚刚打开的 message.txt 文件写入一条动态信息，并在写入完成后关闭该文件，代码如下：

```
# 写入一条动态信息
r=file.write("你使用了1张加速卡，小鸡撸起袖子开始双手吃饲料")
```

```
print("写入内容长度：",r)
print("写入了一条动态")
# 关闭文件对象
file.close()
```

效果如图 7-9 所示。

```
========== 蚂蚁庄园动态 ==========
写入内容长度： 23
写入了一条动态
```

图 7-9 写入动态信息

第三步：重新以追加的方式打开 message.txt 文件，之后向该文件追加写入另一条动态信息，代码如下：

```
print("="*10,"蚂蚁庄园动态","="*10)
file=open("message.txt","a",encoding="utf-8")
file.write("\n李四的小鸡在你庄园呆了9分钟，吃了6g饲料")
print("追加了一条动态")
file.close()
```

效果如图 7-10 所示。

```
========== 蚂蚁庄园动态 ==========
追加内容长度： 22
追加了一条动态
```

图 7-10 追加写入动态信息

第四步：使用 with 语句结合 open() 方法以只读方式打开 message.txt 文件，之后使用 read() 方法读取前 9 个字符，代码如下：

```
# 文件的读取
with open("message.txt","r",encoding="utf-8") as file:
  # 读取前9个字符
  string=file.read(9)
  print("前9个字符：",string)
```

效果如图 7-11 所示。

```
前9个字符： 你使用了1张加速卡
```

图 7-11 读取前 9 个字符

第五步：通过 readline() 方法按行读取 message.txt 文件包含的内容后，输出每行内容，代码如下：

```
with open("message.txt","r",encoding="utf-8") as file:
  number=0
  while True:
    # 读取行数
    number+=1
    # 按行读取
```

```
    line=file.readline()
    if line=='':
        break
    print(number,line,end="\n")
```

效果如图 7-12 所示。

1 你使用了1张加速卡，小鸡撸起袖子开始双手吃饲料

2 李四的小鸡在你庄园呆了9分钟，吃了6g饲料

图 7-12 按行读取

第六步：再次通过 readlines() 方法读取 message.txt 文件包含的内容，并将所有内容以列表的格式返回，最后通过 for 语句遍历列表内容，代码如下：

```
with open("message.txt","r",encoding="utf-8") as file:
  # 读取全部内容
  message=file.readlines()
  # 遍历读取内容
  for i in message:
    print(i)
```

效果如图 7-13 所示。

你使用了1张加速卡，小鸡撸起袖子开始双手吃饲料

李四的小鸡在你庄园呆了9分钟，吃了6g饲料

图 7-13 读取全部数据并遍历输出

任务 2 对编程中容易出现异常的代码进行处理

任务要求

异常处理是编程语言中的一种机制，可以处理软件或信息系统运行时出现的异常情况，从而保证软件或信息系统的正常运行。本任务是对编程中容易出现异常的代码进行处理，思路如下：

（1）定义函数。

（2）内容输入。

（3）触发异常。

（4）抛出异常。

（5）分配情况计算。

（6）分配情况异常处理。

（7）分配完成提示。

知识提炼

1. 异常概述

异常（Exception）是指程序运行时出现的导致程序运行终止的错误，这种错误是不能通过编译系统检查出来的。

在 Python 中，每当程序出错时都会自动触发异常，每个错误类型都是 Python 中的内建异常类。常用内建异常类见表 7-9。

表 7-9 常用内建异常类

类名	描述
Exception	所有异常的基类
AttributeError	特性引用或者赋值失败时引发
ImportError	导入模块、对象失败时引发
IOError	试图打开不存在的文件时引发
IndexError	在使用序列中不存在的索引时引发
IndentationError	缩进错误时引发
KeyError	在使用映射中不存在的键时引发
NameError	找不到名字时引发
SyntaxError	在代码为错误时引发
TypeError	在内建操作或者函数应用于错误类型时引发
ValueError	在内建操作或者函数应用于正确类型的对象，但是该对象使用不合适的值时引发

另外，除了 Python 提供的内建异常类外，为了满足开发人员的需求，还可实现异常类的自定义，语法格式如下：

```
class 异常名称(Exception):
    语句块
```

自定义的所有异常均需要继承 Exception 类，无论是直接继承还是间接继承。

2. 异常处理

异常处理是编程语言中的一种机制，可以处理软件或信息系统运行时出现的异常情况，从而保证软件或信息系统的正常运行。Python 中同样存在异常处理的相关内容，并且其作用与其他语言的异常处理的基本相同。常用异常处理操作方法见表 7-10。

表 7-10 常用异常处理操作方法

方法	描述
try...except	捕获异常
try...except...else	try...except 分支，在 except 后，当不发生异常时执行
try...except...finally	释放资源
raise	抛出异常

（1）try...except。在 Python 中，可以使用 try...except 语句捕获异常。其中，try 中的代码用于捕获异常，except 语句用于处理异常，并且 except 语句可以有多个，能够处理不同的异常，但每次只执行一条 except 语句。try...except 语句处理异常流程如图 7-14 所示。

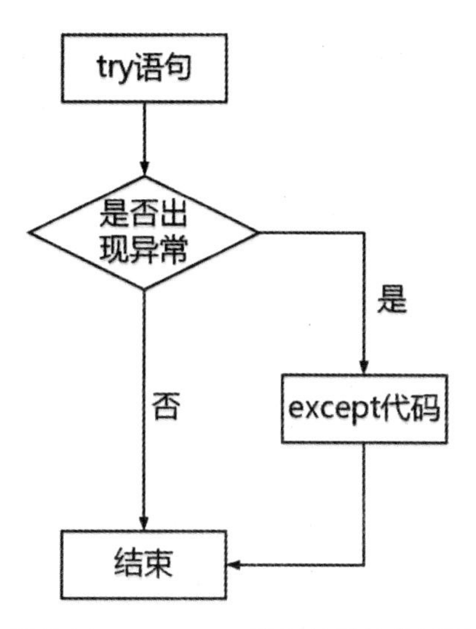

图 7-14 try...except 语句处理异常流程

通过图 7-14 可知，当 try 中的代码没有发生异常时，except 语句将被忽略；当 try 中的代码发生异常时，之后的代码将不会执行，会对 except 子句使用的异常类进行判断，如果异常的类型与异常类相同，则 except 子句包含代码被执行，并处理当前异常；如果异常的类型与异常类不同，则直接触发异常并终止当前程序。try...except 语句使用的语法格式如下：

```
try:
  # 代码块
except 异常类:
  # 异常处理代码
except 异常类:
  # 异常处理代码
...
```

另外，在 except 子句指定异常类时，还可以通过 as 实现异常类的实例化操作，这个示例包含了异常的详细信息，可以通过后面的 raise 语句修改内容，语法格式如下：

```
try:
  # 代码块
# 异常类的实例通常用e表示
except异常类 as e:
  # 异常处理代码
...
```

下面使用 try...except 语句捕获数值异常，代码如下：

```
try:
  x=int(input("请输入一个数字："))
exceptValueError:
  print("您输入的不是数字！")
```

效果如图 7-15 所示。

```
请输入一个数字：a
您输入的不是数字！
```

图 7-15 try...except 捕获异常

（2）try...except...else。try...except...else 语句是 try...except 语句的分支语句，其中，else 语句在异常不存在时被执行，使用在 except 语句之后。try...except...else 语句处理异常流程如图 7-16 所示。

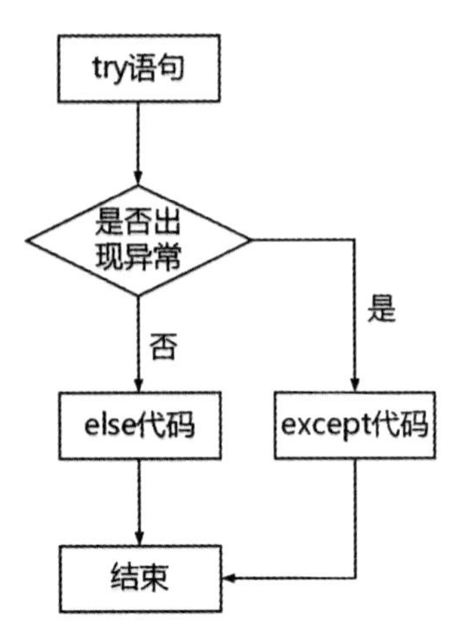

图 7-16　try...except...else 语句处理异常流程

通过图 7-16 可知，当 try 中代码没有发生异常时，except 语句被忽略，else 语句被执行；当 try 中的代码发生异常时，except 语句被执行，else 语句将被忽略。try...except...else 语句使用的语法格式如下：

```
try:
    # 代码块
except 异常类:
    # 异常处理代码
else:
    # 代码块
```

下面使用 try...except...else 语句捕获文件异常，代码如下：

```
try:
    f=open("D:\\test.txt",'r')
exceptIOError:
    print("文件未打开！")
else:
    # 读取全部内容
    print(f.read())
    f.close()
```

效果如图 7-17 所示。

```
Python 1
Python 2
Python 3
```

图 7-17　try...except...else 捕获异常

（3）try...except...finally。try...except...finally 语句与 try...except...else 语句类似，不同的是，try...except...finally 语句中的 finally 语句能够执行正常时或有异常发生时需要执行的代码，主要用于发生异常时释放资源，包括文件、网络连接、数据库连接等。try...except...finally 语句处理异常流程如图 7-18 所示。

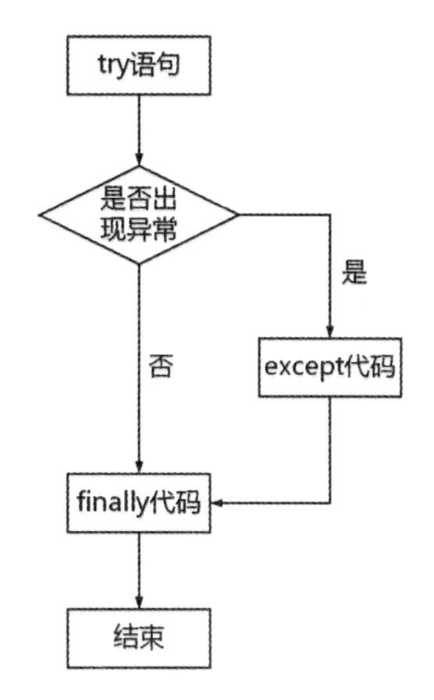

图 7-18 try...except...finally 语句处理异常流程

try...except...finally 语句使用的语法格式如下：

```
try:
  # 代码块
except异常类:
  # 异常处理代码
finally:
  # 代码块
```

下面使用 try...except...finally 语句捕获数值异常并输入输出内容，代码如下：

```
try:
  a=input("请输入一个数字：")
  x=int(a)
exceptValueError:
  print("您输入的不是数字！")
finally:
  print(a)
```

效果如图 7-19 所示。

```
请输入一个数字：a
您输入的不是数字！
a
```

图 7-19 try...except...finally 捕获异常

try...except...
finally 捕获异常

（4）raise。在捕获异常后，可以查看相应的异常类型及解释（默认的），如果要更改该异常的相关内容，则可以抛出（raise）异常类型并设置异常的解释，raise 语句使用的语法格式如下：

```
raise 异常类型(解释)
```

下面使用 raise 语句抛出数值异常并将异常解释修改为“请输入数字！”，代码如下：

```
try:
  raise ValueError("请输入数字！")
except ValueError as e:
print("输入错误：",e)
```

效果如图 7-20 所示。

输入错误： 请输入数字！

图 7-20 使用 raise 语句抛出异常

课程思政：以创新思维解决问题，攻克难关

在打赢脱贫攻坚战、决胜全面小康、实现中华民族伟大复兴、建设富强民主文明和谐的现代化社会主义强国这场看不到敌人、看不到硝烟的战争中，要想获胜，年轻干部就得发挥出能力。目前我国即将进入新发展阶段，贯彻新发展理念，构建新发展格局，需要解决的问题会越来越多样、越来越复杂，我们只有不断提高解决实际问题的能力，才能攻克难关。

要提高解决实际问题的能力，我们要勇于直面问题。面对困难危险，人的生理本能都会下意识想要去躲避，但作为基层的工作者，一线的战士，可以畏惧，但不能放弃。只要坚定跟党走，在思想上政治上行动上同党中央保持一致，无论再高的山、再远的路也能翻得过去、走得到。在当前这场没有硝烟但要直面生死的抗疫战役中，无数医护人员党员干部们都充当逆行者奔赴前线保家卫国，其实这个世界上从来没有什么天生的英雄，是责任和担当让他们一边恐慌，一边勇敢破茧成蝶，淬炼成钢。而作为年轻干部，就承于担当，勇敢面对问题。

要提高解决实际问题的能力，我们要坚持问题导向。跟着问题走、奔着问题去，问题是创新的起点，也是创新的动力源，理论创新只能从问题开始，历史总是在不断解决问题中前进的。而作为年轻干部，要在日常工作中贯穿强烈的问题意识，鲜明的问题导向，体现共产党人求真务实的科学态度，展现马克思主义者的坚定信仰和责任担当。

任务实施

通过上面的学习，我们掌握了异常的含义以及处理异常的方法，通过以下几个步骤，实现分苹果操作中异常的处理。

第一步：使用 def 定义一个包含分苹果操作的函数——distribute，并在该函数中输出标题，然后在主函数中调用函数，代码如下：

```
def distribute():
    print("==================== 分苹果 ====================")
if __name__ == '__main__':
    # 调用函数
    distribute()
```

效果如图 7-21 所示。

==================== 分苹果 ====================

图 7-21 定义函数

第二步：使用 input() 函数输入苹果数量和小朋友数量，并将输入后的内容转换为数字，代码如下：

```
def distribute():
    print("==================== 分苹果 ====================")
    # 输入苹果的个数
```

```
    apple = int(input("请输入苹果的个数："))
    children = int(input("请输入来了几个小朋友："))
if __name__ == '__main__':
    distribute()
```

效果如图 7-22 所示。

```
===================== 分苹果 =====================
请输入苹果的个数：1
请输入来了几个小朋友：a
```

图 7-22　内容输入

第三步：输入时，如果输入的内容不是数字，则触发异常，需要处理异常，代码如下：

```
def distribute():
    print("===================== 分苹果 =====================")
    apple = int(input("请输入苹果的个数："))
    children = int(input("请输入来了几个小朋友："))
if __name__ == '__main__':
    # 捕获异常
    try:
        # 调用分苹果的函数
        distribute()
    # 处理异常
    except ValueError:
        # 输出错误原因
        print("输入错误！")
```

效果如图 7-23 和图 7-24 所示。

```
===================== 分苹果 =====================
请输入苹果的个数：a
输入错误！
```

图 7-23　苹果数输入错误

```
===================== 分苹果 =====================
请输入苹果的个数：1
请输入来了几个小朋友：a
输入错误！
```

图 7-24　人数输入错误

第四步：对比苹果数和小朋友数，苹果数需要比小朋友数多才可以做到每个小朋友都能分到 1 个苹果，如果苹果数比小朋友数少，则抛出错误，并输出“苹果太少了，不够分...”，代码如下：

```
def distribute():
    print("===================== 分苹果 =====================")
    apple = int(input("请输入苹果的个数："))
    children = int(input("请输入来了几个小朋友："))
```

```
    if apple < children:
        raise ValueError("苹果太少了，不够分...")
if __name__ == '__main__':
    try:
        distribute()
    # 处理异常
    except ValueError as e:
        # 输出错误原因
        print("输入错误：",e)
```

效果如图 7-25 所示。

```
===================== 分苹果 =====================
请输入苹果的个数：1
请输入来了几个小朋友：2
输入错误： 苹果太少了，不够分...
```

图 7-25 分配错误抛出

第五步：对分配情况进行计算，保证每个小朋友都能分到苹果，并计算剩余苹果数量，代码如下：

```
def distribute():
    print("===================== 分苹果 =====================")
    apple = int(input("请输入苹果的个数："))
    children = int(input("请输入来了几个小朋友："))
    if apple < children:
        raise ValueError("苹果太少了，不够分...")
    # 计算每人分几个苹果
    result = apple//children
    # 计算余下几个苹果
    remain =apple-result*children
    if remain>=0:
        print(apple,"个苹果，平均分给",children,"个小朋友，每人分",result,"个，剩下",remain,"个。")
if __name__ == '__main__':
    try:
        distribute()
    except ValueError as e:
        print("输入错误：",e)
```

效果如图 7-26 所示。

```
===================== 分苹果 =====================
请输入苹果的个数：3
请输入来了几个小朋友：2
3 个苹果，平均分给 2 个小朋友，每人分 1 个，剩下 1 个。
```

图 7-26 分配情况计算

第六步：对分配计算时出现的异常进行处理，计算时需要保证小朋友数不能为 0，也就是除数不能为 0，代码如下：

```
def distribute():
    print("===================== 分苹果 =====================")
    apple = int(input("请输入苹果的个数: "))
    children = int(input("请输入来了几个小朋友: "))
    if apple < children:
        raise ValueError("苹果太少了，不够分...")
    result = apple//children
    remain =apple-result*children
    if remain>=0:
        print(apple,"个苹果，平均分给",children,"个小朋友，每人分",result,"个，剩下",remain,"个。")
if __name__ == '__main__':
    try:
        distribute()
    # 处理异常
    except ZeroDivisionError:
        print("\n出错了 ~_~ ——苹果不能被0个小朋友分！")
    except ValueError as e:
        print("输入错误: ",e)
```

效果如图 7-27 所示。

```
===================== 分苹果 =====================
请输入苹果的个数: 1
请输入来了几个小朋友: 0

出错了 ~_~ —苹果不能被0个小朋友分!
```

图 7-27　分配情况异常处理

第七步：提示分配完成情况，当分配完成后输出“分苹果顺利完成”时，添加分配次数的提示，这里的分配次数无论是否分配成功都会输出，代码如下：

```
def distribute():
    print("===================== 分苹果 =====================")
    apple = int(input("请输入苹果的个数: "))
    children = int(input("请输入来了几个小朋友: "))
    if apple < children:
        raise ValueError("苹果太少了，不够分...")
    result = apple//children
    remain =apple-result*children
    if remain>=0:
        print(apple,"个苹果，平均分给",children,"个小朋友，每人分",result,"个，剩下",remain,"个。")
if __name__ == '__main__':
    try:
        distribute()
    except ZeroDivisionError:
        print("\n出错了 ~_~ ——苹果不能被0个小朋友分！")
    except ValueError as e:
        print("输入错误: ",e)
    else:
        print("分苹果顺利完成。")
    finally:
        print("进行一次分苹果操作。")
```

效果如图 7-28 所示。

```
==================== 分苹果 ====================
请输入苹果的个数：3
请输入来了几个小朋友：2
3 个苹果，平均分给 2 个小朋友，每人分 1 个，剩下 1 个。
分苹果顺利完成。
进行一次分苹果操作。
```

图 7-28　分配完成提示

知识梳理与总结

通过对本项目的学习，我们完成了文件的操作和异常代码的处理，并在实现过程中了解了文件和异常的相关概念，熟悉了操作文件、目录相关方法的使用方法，掌握了不同异常处理语句的使用方法。

任务总体评价

通过学习本任务，看自己是否掌握了以下技能，在技能检测表中标出已掌握的技能。

评价标准	个人评价	小组评价	教师评价
(1) 是否能够对本地文件进行操作			
(2) 是否能够对异常代码进行处理			

备注：A 为能做到；B 为基本能做到；C 为部分能做到；D 为基本做不到。

自主探究

1. 探究批量数据的文件存储。
2. 探究异常处理机制。

项目 8　Python 常用模块

项目概述

网络爬虫（Web Crawler）是按照一定的规则，自动抓取万维网信息的程序或者脚本，广泛用于互联网搜索引擎或其他类似网站，可以以获取或更新这些网站的内容和检索方式自动采集所有能够访问的页面内容。本项目将使用 request 模块、re 模块和 PyMySQL 模块实现豆瓣电影数据的访问、采集和存储。

教学目标

知识目标

- 了解 HTTP 概念。
- 熟悉正则表达式及其优先级。
- 掌握 PyMySQL 模块的安装和使用方法。

技能目标

- 熟悉使用 request 模块相关方法访问网页。
- 掌握使用 re 模块提取数据。
- 掌握使用 PyMySQL 模块存储数据。

任务 1　使用 Urllib 库的 request 模块实现页面访问

任务要求

在采集网页数据的过程中，先要模拟浏览器发送请求并获取当前访问的页面结构。本任务是使用 request 模块访问页面，思路如下：

（1）进入网页。

（2）查看并分析页面结构。

（3）抓取页面。

知识提炼

1. HTTP 概述

（1）HTTP 简介。HTTP（HyperText Transfer Protocol，超文本传输协议）（图 8-1）包括 HTML、CSS、JavaScript 等，规定了 WEB 服务器传输超文本到本地浏览器的相关传送

协议和标准，是互联网中最常用的一种基于请求与响应模式的、无状态的、应用层的网络通信协议，能够使用 TCP/IP 传递数据。

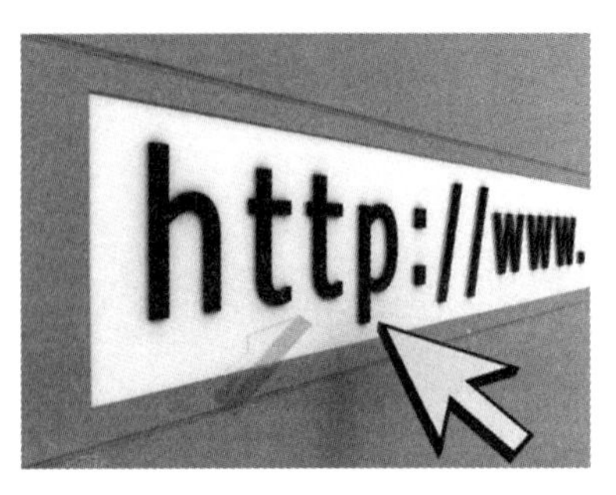

图 8-1 HTTP

（2）HTTP 工作原理。HTTP 是基于客户端 / 服务端的架构模型。工作时，浏览器或任何客户端都可以作为 HTTP 的客户端通过 URL 地址向 HTTP 的服务端及 Web 服务器发送所有请求，Web 服务器在接收到请求后作出响应，并向客户端回传响应。HTTP 工作流程如图 8-2 所示。

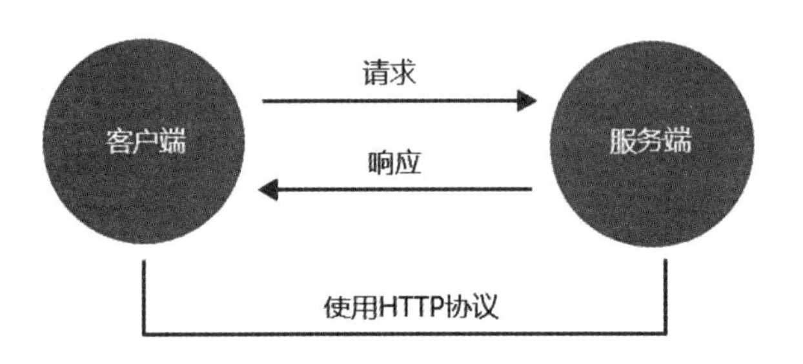

图 8-2 HTTP 工作流程

简单来说，HTTP 在实现通信时，客户端与服务端的沟通可以大致分为以下五个步骤：

1）通过 TCP/IP 建立网络与服务器的连接。

2）客户端向服务端发送 HTTP 请求。

3）服务端应答 HTTP 请求。

4）服务端向客户端发送响应数据。

5）服务端关闭 TCP/IP 连接。

（3）HTTP 请求的构成。HTTP 请求主要由请求行、请求头、空行和请求体四个部分组成，如图 8-3 所示。

请求行	请求方法	空格	请求URL	空格	HTTP协议版本	回车 换行
请求头	请求头部名	:	请求头部值			回车 换行
	……					
	请求头部名	:	请求头部值			回车 换行
空行	回车 换行					
请求体	请求体					

图 8-3 HTTP 请求的构成

通过图 8-3 可知，请求行包括请求方法、请求 URL 和 HTTP 协议版本三个字段，并且每个字段之间使用空格分隔。

- 请求方法：资源操作方式，有 GET 和 POST 两种常用方法，GET 方法用于请求页面信息，POST 方法用于向指定资源提交数据。
- 请求 URL：URL 地址、页面路径。
- HTTP 协议版本：发送请求时使用的协议和版本。

请求头包含多个用于配置请求的相关属性，辅助服务端获取客户端的请求信息，格式为“属性名 : 属性值”。常用请求头属性见表 8-1。

表 8-1 常用请求头属性

属性名	描述
User-Agent	包含发出请求的用户信息，设置 User-Agent 常用于处理反爬虫
Cookie	包含先前请求的内容，设置 Cookie 常用于模拟登录
Referer	指示请求的来源，可以防止链盗及恶意请求

空行标志着请求头的结束，请求体包含客户端的请求参数，若请求方法为 GET，则此项为空；若请求方法为 POST，则此项填写待提交的表单数据。

（4）HTTP 状态码。访问页面时，首先浏览器会向服务器发送一个 HTTP 请求，然后服务端对 HTTP 请求进行响应后返回一个包含 HTTP 状态码的相关信息给浏览器，最后浏览器接收并显示页面。HTTP 状态码用于通知客户端服务端发生的操作，由三个十进制数组成，其中，第一个数字表示状态码的类型。HTTP 状态码主要有五种，见表 8-2。

表 8-2 HTTP 状态码类别

类别	范围	描述
1××	100 ～ 101	通知
2××	200 ～ 206	成功
3××	300 ～ 305	重定向
4××	400 ～ 415	客户端错误
5××	500 ～ 505	服务端错误

不同类型的状态码包含多个表示具体信息的状态码，通过该状态码可以让用户对请求操作进行理解。常见 HTTP 状态码见表 8-3。

表 8-3 常见 HTTP 状态码

状态码	描述
100	收到请求的起始部分，客户端继续请求
101	服务器根据客户端的指示将协议切换成 Update Header 列出的协议
200	服务器成功处理请求
201	资源已创建完毕
202	请求已接受，但服务器尚未处理
203	服务器已将事务成功处理，但请求信息并非来自原始服务器
206	部分请求成功

续表

状态码	描述
300	客户端请求指向多个 URL
301	请求的 URL 已移走
302	请求的 URL 已临时移走
305	必须通过代理访问资源
400	客户端发送了一个错误的请求
401	需要客户端认证自己
403	请求被服务器拒绝
404	未找到资源
405	不支持 Request 的方法
408	请求超时
409	请求冲突
410	资源消失
500	内部服务器错误
502	网关故障
504	网关超时
505	不支持的 HTTP 版本

2. Urllib 库

Urllib 库是 Python 内置的一个 HTTP 请求库，提供一系列用于操作 URL 的相关模块，如抓取 URL 内容、模拟浏览器发送 HTTP 请求、异常读取、读取 JSON 等。常用 Urllib 模块见表 8-4。

表 8-4 常用 Urllib 模块

模块	描述
request	HTTP 请求模块
error	异常处理模块
parse	url 解析模块

（1）request 模块。request 是 Urllib 库中用于模拟 HTTP 请求的模块，能够模拟浏览器 HTTP 请求过程，包含多个构造 HTTP 请求的方法，如页面抓取、Cookie 设置等。request 模块常用方法见表 8-5。

表 8-5 request 模块常用方法

方法	描述
urlopen()	发送请求
Request()	设置 HTTP 请求
urlretrieve()	文件下载

1）urlopen()。在 request 模块中，urlopen() 方法能够向指定地址发送请求，并获得 HTTP 响应，实现页面内容的抓取，最后将抓取结果以 HTTPResponse 类型对象返回。

urlopen() 方法包含的参数见表 8-6。

表 8-6 urlopen() 方法包含的参数

参数	描述
url	访问地址
data	请求数据，当 data 存在时，表示以 post 方式请求；当 data 不存在时，以 get 方式请求
timeout	超时时间，单位为秒

语法格式如下：

```
from urllib import request
request.urlopen(url,data,timeout)
```

下面使用 urlopen() 方法抓取 Python 官网页面内容，代码如下：

```
from urllib import request
response=request.urlopen('https://www.python.org')
print(response)
```

效果如图 8-4 所示。

```
<http.client.HTTPResponse object at 0x000001DEC81B6C10>
```

图 8-4 页面抓取

通过观察结果可以看出，抓取结果以 HTTPResponse 对象存储，此时可以通过 HTTPResponse 对象提供的相关方法查询指定的信息，如数据、状态码、url 路径等。HTTPResponse 对象常用方法见表 8-7。

表 8-7 HTTPResponse 对象常用方法

方法	描述
read()	读取所有数据
readline()	按行读取所有数据
readlines()	读取所有数据，并将数据拆分成一个行列表
getcode()	获取状态码
geturl()	获取 url 路径
decode()	对数据进行解码，通常与 read()、readline()、readlines() 等方法结合使用
getheaders()	获取头部信息
getheader(' 属性 ')	获取头部信息中指定属性对应的值

下面使用 getcode() 方法获取 HTTPResponse 对象中包含的状态码，代码如下：

```
print(response.getcode())
```

效果如图 8-5 所示。

```
200
```

图 8-5 获取状态码

2）Request()。在使用 urlopen() 方法抓取页面时，无法模拟 HTTP 请求的其他参数，此时可以通过 Request() 创建 Request 对象设置 HTTP 请求以满足抓取需求，如请求方式设置、请求头设置等，然后将 Request 对象作为 urlopen() 方法的参数即可。Request() 方法包含的参数见表 8-8。

表 8-8 Request() 方法包含的参数

参数	描述
url	访问地址
data	请求数据，默认值为 None
headers	请求头，字典类型
method	请求方式，默认值为 None

其中，headers 相关属性见表 8-9。

表 8-9 headers 相关属性

属性	描述
User-Agent	客户端使用的操作系统和浏览器的名称和版本
accept	浏览器端可以接受的媒体类型
Accept-Encoding	编码方法
Accept-Language	支持语言

method 包含的参数值见表 8-10。

表 8-10 method 包含的参数值

参数值	描述
GET	获取网页
POST	提交信息
HEAD	获取头部信息
PUT	提交信息，原信息被覆盖
DELETE	提交删除请求

语法格式如下：

```
from urllib import request
request=request.Request(url,headers,data,method)
```

下面将 urlopen() 方法与 Request() 方法结合，模拟 Google 浏览器访问 Python 官网页面并抓取页面内容，代码如下：

```
from urllib import request
req=request.Request(url='https://www.python.org',headers={'user-agent':'Mozilla/5.0 (Windows NT 10.0; Win64; x64) AppleWebKit/537.36 (KHTML, like Gecko) Chrome/90.0.4430.212 Safari/537.36'})
response=request.urlopen(req)
print(response.read().decode('utf-8'))
```

效果如图 8-6 所示。

```
<!doctype html>
<!--[if lt IE 7]>   <html class="no-js ie6 lt-ie7 lt-ie8
 lt-ie9">   <![endif]-->
<!--[if IE 7]>      <html class="no-js ie7 lt-ie8 lt-ie9">
         <![endif]-->
<!--[if IE 8]>      <html class="no-js ie8 lt-ie9">
         <![endif]-->
<!--[if gt IE 8]><!--><html class="no-js" lang="en"
 dir="ltr">  <!--<![endif]-->

<head>
    <meta charset="utf-8">
    <meta http-equiv="X-UA-Compatible" content="IE=edge">

    <link rel="prefetch" href="//ajax.googleapis
 .com/ajax/libs/jquery/1.8.2/jquery.min.js">
```

图 8-6　模拟 Google 浏览器抓取页面

3）urlretrieve()。获取页面内容时，使用 urlopen() 方法只能获取文本内容，当需要获取指定路径中包含的图片、文件时，可以通过 urlretrieve() 方法实现，只需指定文件的 URL 路径即可，当下载至本地时，还要指定文件名称。urlretrieve() 方法包含的参数见表 8-11。

表 8-11　flagsurlretrieve() 方法包含的参数

参数	描述
url	文件地址
filename	文件名称
reporthook	回调函数，默认值为 None
data	请求数据，默认值为 None

语法格式如下：

```
from urllib import request
request.urlretrieve(url,filename,reporthook,data)
```

下面使用 urlretrieve() 方法下载 Python 的安装文件并将其保存到本地目录，代码如下：

```
from urllib import request
def callback(blocknum, blocksize, totalsize):
    '''
    blocknum: 已下载数据块
    blocksize: 数据块大小
    totalsize: 远程文件大小
    '''
    percent = 100.0*blocknum*blocksize/totalsize
    if(percent>100):
        percent = 100
    else:
        print('%.2f%%' % percent)
print(request.urlretrieve('https://www.python.org/ftp/python/3.9.5/python-3.9.5-amd64.exe','python-3.9.5-amd64.exe',callback))
```

效果如图 8-7 所示。

```
99.71%
99.74%
99.77%
99.80%
99.83%
99.86%
99.88%
99.91%
99.94%
99.97%
100.00%
('python-3.9.5-amd64.exe', <http.client.HTTPMessage object
 at 0x000001E011195160>)
```

图 8-7　文件下载

（2）error 模块。在 Urllib 中，error 模块定义了多个由 request 模块产生的相关异常，如 URL 错误异常、无网络异常等，如果出现问题，request 模块会立即抛出 error 模块中定义的异常。error 模块包含的异常类见表 8-12。

表 8-12　error 模块包含的异常类

异常类	描述
URLError	网络引起的相关异常
HTTPError	服务器返回的错误状态码

其中，error 分别为 HTTPError 和 URLError 提供了多个用于查看详细信息的常用属性，见表 8-13。

表 8-13　详细信息常用属性

属性	描述
code	状态码，适用于 HTTPError
reason	错误原因，适用于 HTTPError 和 URLError
headers	响应头，适用于 HTTPError

语法格式如下：

```
from urllib import error
try:
    ...
except error.URLError as e:
    e.reason
    ...
except error.HTTPError as e:
    e.reason
    e.code
    e.headers
    ...
```

```
else:
  ...
```

下面使用 error 模块的 URLError 类输入 request 模块产生的请求超时异常，代码如下：

```
from urllib import request,error
try:
  request.urlopen('http://www.baidu.com', timeout=0.01)
except error.URLError as e:
  print(e.reason)
else:
  print('request successfully')
```

效果如图 8-8 所示。

```
timed out
```

图 8-8 异常处理

（3）parse 模块。parse 是 Urllib 库中用于操作 URL 的模块，通过相关方法可以实现 URL 的解析、合并、编码、解码等操作，下面主要对 URL 的解析进行讲解。parse 模块常用方法见表 8-14。

表 8-14 parse 模块常用方法

方法	描述
urlparse()	URL 的解析
urlunparse()	URL 的构造，将通过解析内容重新构造 URL
urljoin()	URL 的拼接
quote()	将中文转换为 URL 编码格式
unquote()	对 quote() 转换后的 URL 进行解码

其中，urlparse() 主要用于对 URL 进行解析操作，可以将 URL 解析为 6 个部分，并以元组的格式返回解析后的内容。urlparse() 方法在使用时接受三个参数，见表 8-15。

表 8-15 urlparse() 方法包含的参数

参数	描述
urlstring	待解析的 URL 字符串
scheme	默认协议
allow_fragments	是否忽略锚点，值为 True 或 False，默认值为 True，忽略锚点

URL 的结构为 scheme://netloc/path;parameters?query#fragment，但在实际的 URL 中，parameters、query、fragment 等字段可能不存在。URL 解析后各字段意义见表 8-16。

表 8-16 URL 解析后各字段意义

字段	描述
scheme	协议
netloc	域名
path	路径

续表

字段	描述
params	参数
query	查询条件
fragment	锚点

语法格式如下：

```
from urllib import parse
parse.urlparse(urlstring,scheme='',allow_fragments=True)
```

下面使用 urlparse() 方法对 Python 安装文件下载路径进行解析，代码如下：

```
from urllib import parse
parse.urlparse('https://www.python.org/ftp/python/3.9.5/python-3.9.5-amd64.exe','python-3.9.5-amd64.exe')
```

效果如图 8-9 所示。

```
ParseResult(scheme='https', netloc='www.python.org',
 path='/ftp/python/3.9.5/python-3.9.5-amd64.exe', params='',
  query='', fragment='')
```

图 8-9　路径解析

任务实施

通过上面的学习，我们掌握了 HTTP 相关内容以及 Urllib 内置库的使用，通过以下几个步骤获取网页内容。

第一步：打开浏览器，输入网站地址 http://www.imooc.com/course/list，页面效果如图 8-10 所示。

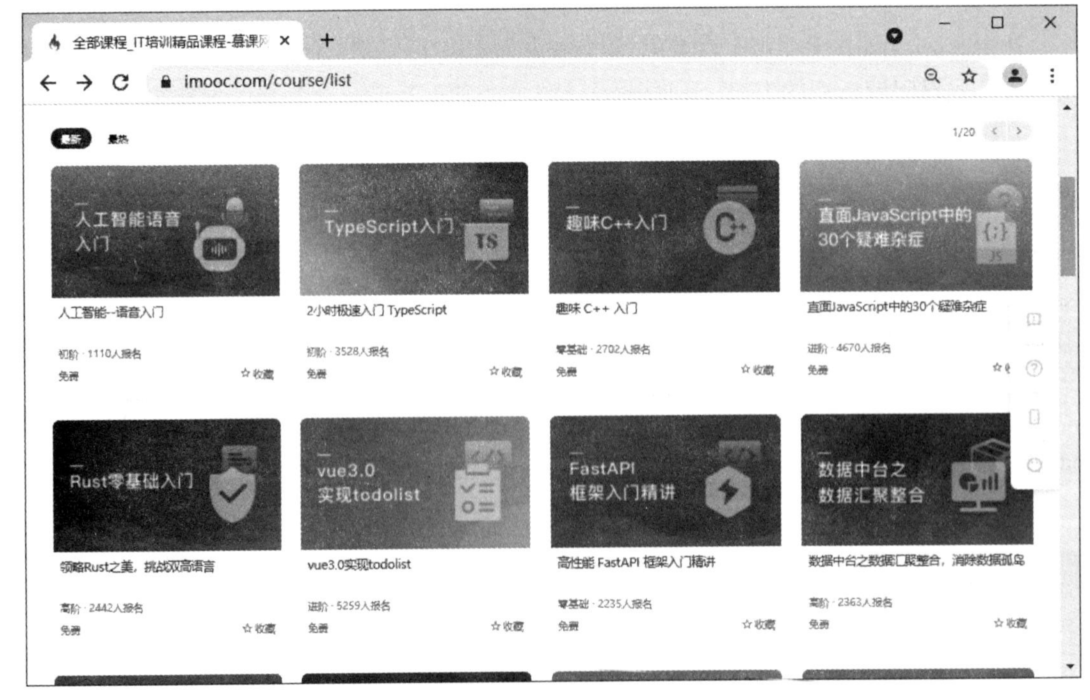

图 8-10　页面效果

第二步：分析页面，按 F12 键，进入页面代码查看工具，找到图中内容所在区域并展开页面结构代码，如图 8-11 所示。

```
▼<div class="list max-1152 clearfix">
 ▼<a class="item free " href="//www.imooc.com/learn/1308" target="_blank"
 data-cid="1308" data-type="1" data-title="人工智能--语音入门 ">
    <div class="img" style="background-image: url('//img2.mukewang.com/608a
    96d90975fb8d05400304.png')"></div>
    <p class="title ellipsis2">人工智能--语音入门 </p>
    <p class="one">初阶 · 1110人报名</p>
  ▼<p class="two clearfix">
      <span class="l">免费</span>
    ▼<span class="star r"> flex
      ▼<i class="icon imv2-star-o">
          ::before
        </i>
        <i class="txt">收藏</i>
      </span>
      ::after
    </p>
  </a>
 ▶<a class="item free " href="//www.imooc.com/learn/1306" target="_blank"
 data-cid="1306" data-type="1" data-title="2小时极速入门 TypeScript">…</a>
 ▶<a class="item free " href="//www.imooc.com/learn/1304" target="_blank"
 data-cid="1304" data-type="1" data-title="趣味 C++ 入门">…</a>
 ▶<a class="item free " href="//www.imooc.com/learn/1303" target="_blank"
```

图 8-11 查看并分析页面结构

第三步：打开 Python 的 jupyter notebook，新建 ipynb 文件并导入项目所需的相关模块，代码如下：

```
from urllib import request
from urllib import error
```

第四步：定义页面内容获取函数，并处理 URL 相关异常，通过页面路径进行测试，代码如下：

```
def urlPage(url):
  try:
    header={"User-Agent":"Mozilla/5.0 (Windows NT 10.0; Win64; x64) AppleWebKit/537.36 (KHTML, 
like Gecko) Chrome/90.0.4430.93 Safari/537.36"}
    # 抓取设置
    url=request.Request(url,headers=header)
    # 提交请求
    reponse=request.urlopen(url)
    # 读取结果
    html=reponse.read().decode("utf-8")
  #URL 异常处理
  except error.URLError as e:
    print (e.reason)
  return (html)
htmlPage=urlPage("http://www.imooc.com/course/list")
htmlPage
```

效果如图 8-12 所示。

```
<div class="course-list">
    <div class="list max-1152 clearfix">









<a class="item free "
   href="//www.imooc.com/learn/1307"
   target="_blank"
   data-cid="1307"
   data-type="1"
   data-title="2021Android从零入门到实战(Kotlin版)"
   >
    <div class="img" style="background-image: url
  ('https://img1.mukewang.com/60d94088094f25c900000000.png')
  "></div>
    <p class="title ellipsis2">2021Android从零入门到实战(Kotlin
  版)</p>
    <p class="one">零基础 · 1278人报名</p>

        <p class="two clearfix">
        <span class="l">免费</span>
                <span class="star r"><i class="icon
  imv2-star-o"></i><i class="txt">收藏</i></span>
            </p>
        </a>
```

图 8-12 抓取页面

页面抓取

任务 2 使用 re 模块实现数据提取

任务要求

在页面抓取完成后，还需获取确定的目标数据。本任务是使用 re 模块从网页中提取数据，思路如下：

（1）截取内容。

（2）获取每个 li 标签包含的内容。

（3）获取所有电影信息。

知识提炼

1. 正则表达式概述

（1）正则表达式简介。正则表达式（Regular Expression）最早出现于 1951 年数学科学家 Stephen Kleene 发布的论文《神经网事件的表示法》中，是用来描述“正则集的代数”

的表达式。随着时间的推移，正则表达式先后用于计算搜索算法、编辑器 QED、编辑器 ed、grep 以及各种 UNIX 或类似于 UNIX 的工具中，最后在各种计算机语言及各种应用领域得到了广泛应用和发展。

正则表达式主要用于文本内容的检索和替换，也可称规则表达式，在代码中可用 RegEx、RegExp 或 RE 表示。

通过正则表达式，不仅能够灵活地对静态文本和动态文本进行检索、替换等操作，而且可以实现数据验证、文本替换、字符串提取等操作。

（2）正则表达式字符。简单来说，正则表达式就是事先定义好的具有特定含义字符的组合，是对字符串进行操作的逻辑公式。正则表达式使用的字符根据功能的不同，可以划分为普通字符、定位字符、限定字符、选择字符、转义字符、特殊字符等。正则表达式常用字符见表 8-17。

表 8-17 正则表达式常用字符

分类	字符	描述
普通字符	[xyz]	匹配 [] 中包含的任意一个字符
	[^xyz]	匹配 [] 中未包含的任意一个字符
	[a-z]	匹配指定范围的任意字符，其中：[a-z] 为匹配任意小写字母；[A-Z] 为匹配任意大写字母；[0-9] 为用于匹配任意数字
	[^a-z]	匹配不在指定范围内的任意字符
	\d	匹配数字字符
	\D	匹配非数字字符
	\w	匹配字母、数字、下划线
	\W	匹配非字母、数字、下划线
定位字符	^	匹配开始位置
	$	匹配结尾位置
	\b	匹配单词边界，即字与空格间的位置
	\B	匹配非单词边界
限定字符	*	匹配零次或多次
	+	匹配一次或多次
	?	匹配零次或一次
	{n}	匹配 n 次
	{n,}	匹配至少 n 次
	{n,m}	匹配 n ～ m 次
选择字符	()	匹配子表达式的开始和结束
转义字符	\f	匹配换页符
	\n	匹配换行符
	\r	匹配回车符
	\t	匹配制表符
	\s	匹配空白字符，包括空格、制表符、换页符
	\S	匹配非空白字符

续表

分类	字符	描述
特殊字符	.	匹配除换行符之外的任意字符
	[	标记一个中括号表达式的开始
	\	将下一个字符标记为转义字符
	|	指明两项之间的一个选择
	{	标记限定符表达式的开始

（3）正则表达式字符的优先级。在正则表达式中，不同的字符优先级不同，默认情况下按照由左至右的顺序执行。正则表达式字符的优先级（从左到右，由上至下）如下：

- \。
- ()，[]。
- *，+，?，{n}，{n,}，{n,m}。
- ^，$，\ 任意字符，任意字符。
- |。

2. re 模块使用

re 模块是 Python 的内置模块，使用时不需要进行安装，提供多个正则表达式应用方法，可以实现字符串的查询、替换、分割等。

（1）字符串查询。在 Python 中，re 模块提供了多种用于实现字符串的方法，能够从指定字符串中获取符合正则表达式规则的内容。字符串查询常用方法见表 8-18。

表 8-18　字符串查询常用方法

方法	描述
match()	从起始位置开始查找符合匹配的第一个内容
search()	查找符合匹配的第一个内容
findall()	查找符合匹配的全部内容，返回列表
finditer()	查找符合匹配的全部内容，返回迭代器

其中，match() 方法与 search() 方法类似，都会从开头进行字符串的匹配，并以 Match 对象格式返回匹配结果。当没有匹配内容时，返回值为 None。match() 方法只会从第一个字符串进行匹配，当第一个字符串不符合时，返回 None；search() 方法会从第一个字符串开始匹配，当找到符合正则表达式的第一个字符串时，返回匹配结果，否则返回 None。match() 方法和 search() 方法在使用时接受三个参数，见表 8-19。

表 8-19　match() 方法和 search() 方法包含的参数

参数	描述
pattern	正则表达式字符串
string	待匹配字符串
flags	匹配方式

其中，flags 包含多个用于设置的参数值，常用参数值见表 8-20。

表 8-20　flags 包含的参数值

参数值	描述
re.I	忽略大小写
re.M	多行模式
re.S	字符“.”的任意匹配模式
re.L	特殊字符集，取决于当前环境
re.U	特殊字符集，取决于 unicode 定义的字符属性
re.X	忽略空格和“#”符号后面的内容

语法格式如下：

```
re.match/search(pattern,string,flags)
```

下面分别使用 match() 方法和 search() 方法检索字符串中包含的数字，代码如下：

```
import re
m=re.match(r'\d+','The small one is 5 yuan,the big one is 6 yuan.')
m1=re.search(r'\d+','The small one is 5 yuan,the big one is 6 yuan.')
print(m)
print(m1)
```

效果如图 8-13 所示。

```
None
<re.Match object; span=(17, 18), match='5'>
```

图 8-13　match() 方法和 search() 方法匹配

通过观察结果可以看出，由于数字 5 不在字符串的头部，因此 match() 方法没有获取到任何匹配项，而 search() 方法获取到数字 5，并且将结果以 Match 对象返回。为了能够获取 Match 对象包含的详细信息，Python 提供了多种方法，见表 8-21。

表 8-21　Match 对象方法

方法	描述
start()	获取对应分组包含字符串的起始位置
end()	获取对应分组包含字符串的结束位置
span()	获取对应分组包含字符串的起始位置和结束位置
group()	获取对应分组包含的字符串，通常与“()”配合使用

下面使用 Match 对象相关方法获取 search() 方法返回的详细信息，代码如下：

```
print("匹配字符串：",m1.group())
print("匹配字符串的起始位置：",m1.start())
print("匹配字符串的结束位置：",m1.end())
print("匹配字符串的起始和结束：",m1.span())
```

效果如图 8-14 所示。

```
匹配字符串：5
匹配字符串的起始位置：17
匹配字符串的结束位置：18
匹配字符串的起始和结束：(17, 18)
```

图 8-14　获取 Match 详细信息

findall() 方法和 finditer() 方法同样用于查询字符串，不同的是，findall() 方法和 finditer() 方法会查询所有符合正则表达式定义规则的内容。其中，findall() 方法会将结果以列表形式返回；finditer() 方法会将结果以迭代器形式返回。使用方式与 match() 方法和 search() 方法类似，语法格式如下：

```
re.findall/finditer(pattern,string,flags)
```

下面分别使用 findall() 方法和 finditer() 方法检索字符串中包含的数字，代码如下：

```
import re
m=re.findall(r'\d+','The small one is 5 yuan,the big one is 6 yuan.')
print(m)
m1=re.finditer(r'\d+','The small one is 5 yuan,the big one is 6 yuan.')
print(m1)
# 对迭代器进行遍历
for i in m1:
    print(i)
```

效果如图 8-15 所示。

```
['5', '6']
<callable_iterator object at 0x0000022A35C2B070>
<re.Match object; span=(17, 18), match='5'>
<re.Match object; span=(39, 40), match='6'>
```

图 8-15　检索全部字符串

（2）字符串替换。除了查询字符串外，re 模块还提供了用于实现字符串替换的方法——sub() 方法，其可以通过正则表达式查询符合的字符串并将该字符串替换为指定的内容，再返回替换后的整个字符串。sub() 方法包含的参数见表 8-22。

表 8-22　sub() 方法包含的参数

参数	描述
pattern	正则表达式字符串
repl	替换内容，可以是字符串或函数，当值为函数时，该函数只接受一个 Match 对象的参数
string	待匹配字符串
count	替换次数，默认值为 0，表示替换所有匹配内容
flags	匹配方式

语法格式如下：

```
re.sub(pattern,repl,string,count,flags)
```

下面使用 sub() 方法将日期中包含的字符“-”替换字符“/”，代码如下：

```
import re
# 字符串作为替换内容
str=re.sub(r'-','/','2021-5-20—2022-5-20')
print(str)
# 函数作为替换内容
def func(m):
  # 返回的替换内容
  # group(0)表示匹配字符串，2021-5-21
  # group(1)表示2021
  # group(2)表示5
  # group(3)表示21
  return m.group(1)+'/'+m.group(2)+'/'+m.group(3)
# 替换所有符合的字符串
str1=re.sub(r'(\d+)-(\d+)-(\d+)',func,'2021-5-21—2022-5-21')
print(str1)
```

效果如图 8-16 所示。

```
2021/5/20—2022/5/20
2021/5/21—2022/5/21
```

图 8-16　字符串替换

（3）字符串分割。在 re 模块中，为了实现分割字符串，提供了 split() 方法，可以通过正则表达式查询符合的字符串，并将该字符串作为分割符对字符串进行分割操作，再以列表的形式返回分割后的结果。split() 方法包含的参数见表 8-23。

表 8-23　split() 方法包含的参数

参数	描述
pattern	正则表达式字符串
string	待匹配字符串
maxsplit	分割次数，默认值为 0，表示不限次分割
flags	匹配方式

语法格式如下：

```
re.split(pattern,string,maxsplit,flags)
```

下面使用 split() 方法以字符“—”作为分割符分割字符串，代码如下：

```
import re
m=re.split(r'—','2021-5-20—2022-5-20')
```

效果如图 8-17 所示。

```
['2021-5-20', '2022-5-20']
```

图 8-17　字符串分割

任务实施

通过上面的学习，我们掌握了正则表达式相关内容以及 re 内置模块的使用方法，通过以下几个步骤实现任务 1 中网页数据的提取。

第一步：处理抓取的内容，将不需要的内容去掉，也就是获取课程的整体数据，代码如下：

```
def dispose(htmlPage):
    # 截取抓取的内容
    html = htmlPage.split('<div class="list max-1152 clearfix">')
    page = html[1].split('<div class="page">')
    return page[0]
real=dispose(htmlPage)
```

效果如图 8-18 所示。

```
<a class="item free "
   href="//www.imooc.com/learn/1307"
   target="_blank"
   data-cid="1307"
   data-type="1"
   data-title="2021Android从零入门到实战(Kotlin版)"
   >
    <div class="img" style="background-image: url('//img
.mukewang.com/60d94088094f25c900000000.png')"></div>
    <p class="title ellipsis2">2021Android从零入门到实战(Kotlin
版)</p>
    <p class="one">零基础 · 1280人报名</p>

        <p class="two clearfix">
        <span class="l">免费</span>
                <span class="star r"><i class="icon
imv2-star-o"></i><i class="txt">收藏</i></span>
            </p>
        </a>
```

图 8-18 截取内容

第二步：使用正则表达式对每对 <a></a> 标签进行匹配，然后通过 findall() 方法获取所有匹配项，代码如下：

```
import re
tag = r'<a class="item free "(.*?)</a>'
m_li=re.findall(tag,real,re.S | re.M)
m_li
```

效果如图 8-19 所示。

第三步：通过循环语句遍历列表，获取每门课程的相关信息，包括课程名称、课程阶段、报名人数、课程价格，代码如下：

```
# 遍历信息
for line in m_li:
    # 获取课程名称
    tag_title = r'<p class="title ellipsis2">(.*?)</p>'
    title = re.findall(tag_title, line, re.S | re.M)[0]
    print ('课程名称：', title)

    # 获取课程阶段、报名人数
    tag_stage_num = r'<p class="one">(.*?)</p>'
    stage_num = re.findall(tag_stage_num, line, re.S | re.M)[0]
    stage=stage_num.split(" · ")[0]
    print ('课程阶段：', stage)
    num=stage_num.split(" · ")[1][0:-3]
    print ('报名人数：', num)

    # 获取课程价格
    tag_price = r'(<span class="l">|<span class="price l red bold">)(.*?)</span>'
    price = re.findall(tag_price, line, re.S | re.M)[0][1]
    if "￥" in price:
        price = price[1:]
    print('课程价格：', price)
    print('-----------------------------')
```

效果如图 8-20 所示。

```
['\n    href="//www.imooc.com/learn/1307"\n
 target="_blank"\n    data-cid="1307"\n    data-type="1"\n
 data-title="2021Android从零入门到实战(Kotlin版)"\n    >\n
 <div class="img" style="background-image: url(\'//img
 .mukewang.com/60d94088094f25c900000000.png\')"></div>\n
 <p class="title ellipsis2">2021Android从零入门到实战(Kotlin版
 )</p>\n     <p class="one">零基础 · 1280人报名</p>\n\n
 <p class="two clearfix">\n         <span class="l">免费
 </span>\n                  <span class="star r"><i
 class="icon imv2-star-o"></i><i
 class="txt">收藏</i></span>\n             </p>\n         ',
 '\n    href="//www.imooc.com/learn/1305"\n
 target="_blank"\n    data-cid="1305"\n    data-type="1"\n
 data-title="趣味 C++ 进阶"\n    >\n     <div class="img"
 style="background-image: url(\'//img4.mukewang
 .com/60cc4b0a09ea152600000000.png\')"></div>\n    <p
 class="title ellipsis2">趣味 C++ 进阶</p>\n     <p
 class="one">初阶 · 1145人报名</p>\n\n         <p class="two
 clearfix">\n         <span class="l">免费</span>\n
      <span class="star r"><i class="icon
 imv2-star-o"></i><i class="txt">收藏</i></span>\n
  </p>\n          ', '\n    href="//www.imooc.com/learn/1310"\n
```

图 8-19 获取每个 li 标签包含的内容

```
课程名称： 2021Android从零入门到实战(Kotlin版)
课程阶段： 零基础
报名人数： 1280
课程价格： 免费
-----------------------------
课程名称： 趣味 C++ 进阶
课程阶段： 初阶
报名人数： 1145
课程价格： 免费
-----------------------------
课程名称： 墨刀快速入门到精通
课程阶段： 零基础
报名人数： 913
课程价格： 免费
-----------------------------
课程名称： 探秘 MySQL 多版本并发控制原理
课程阶段： 进阶
报名人数： 1015
```

图 8-20 获取所有课程的信息

数据提取

任务 3 使用 PyMySQL 模块实现数据存储

任务要求

在整个数据采集过程中，为了便于后期使用提取的数据，需将其保存到数据库中。本任务是使用 PyMySQL 存储采集的数据，思路如下：

（1）连接 MySQL 数据库。

（2）创建课程信息表。

（3）将数据存储到数据库表中。

（4）查看数据库数据。

知识提炼

1. PyMySQL 模块安装

PyMySQL 是 Python 3.0 及以上版本中用于实现 MySQL 数据库连接和管理的第三方库，能够使用 Python 代码实现 MySQL 客户端操作库，而 Python 3.0 以下版本可以使用 mysqldb 库。不同于上面 Python 内置的 Urllib 库和 re 模块，PyMySQL 属于第三方库，因此需要在使用之前进行下载安装。PyMySQL 的安装步骤如下：

第一步：使用 pip 直接下载安装 PyMySQL，效果如图 8-21 所示。

第二步：当使用 pip 方式无法下载安装 PyMySQL 时，可以通过在 https://pypi.org/project/PyMySQL/#files 网站下载源码的方式进行下载安装。

第三步：进入 Python 命令行，对 PyMySQL 的安装进行验证，效果如图 8-22 所示。

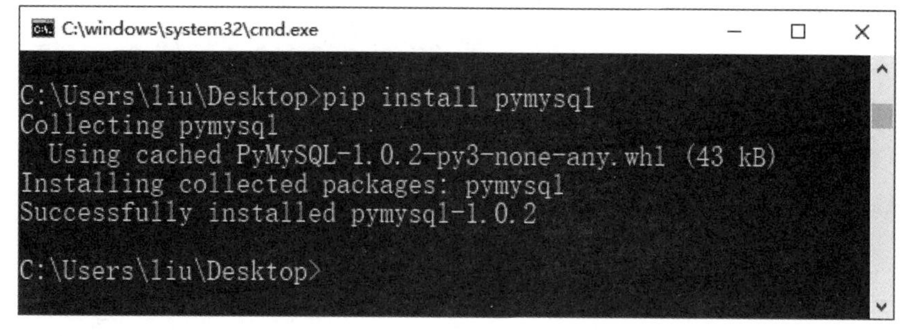

图 8-21　PyMySQL 下载安装

图 8-22　安装验证

2. PyMySQL 模块使用

PyMySQL 模块提供了多种操作 MySQL 数据库的方法，如连接数据库、执行 SQL 语句、关闭数据库连接等。PyMySQL 模块常用方法见表 8-24。

表 8-24　PyMySQL 模块常用方法

方法	描述
connect()	连接数据库
cursor()	创建游标
execute()	执行 SQL 语句
executemany()	执行多条 SQL 语句
commit()	提供执行操作
fetchall()	获取所有数据
close()	关闭数据库连接

（1）connect()。connect() 用于实现指定 MySQL 数据库的连接，并将结果以 connection 对象形式返回。在连接 MySQL 数据库之前，需要提前创建好数据库。connect() 方法在使用时接受五个常用参数，见表 8-25。

表 8-25　connect() 方法包含的参数

参数	描述
host	数据库地址
user	用户名
password	密码
database	数据库名称
charset	编码格式，默认为 utf8

语法格式如下：

```
import pymysql
# 打开数据库连接
connection=pymysql.connect(host=host,user=user,password=password,database=database,charset='utf8' )
```

下面使用 connect() 方法实现 MySQL 中 mysql 数据库的连接，代码如下：

```
import pymysql
connection=pymysql.connect(host="localhost",user="root",password="123456",database="mysql", charset=
'utf8')
print(connection)
```

效果如图 8-23 所示。

```
<pymysql.connections.Connection object at 0x000002B08C6DBB20>
```

图 8-23　数据库连接

（2）cursor()。在数据库连接成功后，即可通过 connection 对象结合 cursor() 方法创建游标并返回一个游标对象，为后续数据库的操作提供支持，并且在数据库连接未关闭时，游标对象可以重复使用。cursor() 方法使用的语法格式如下：

```
connection.cursor()
```

下面使用 cursor() 方法创建一个游标对象，代码如下：

```
import pymysql
connection=pymysql.connect(host="localhost",user="root",password="123456",database="mysql", charset=
'utf8')
cursor=connection.cursor()
print(cursor)
```

效果如图 8-24 所示。

```
<pymysql.cursors.Cursor object at 0x000001EE1D41B940>
```

图 8-24　创建游标

（3）execute()、executemany()。execute() 方法和 executemany() 方法主要用于执行操作 MySQL 数据库相关内容的 SQL 语句，包括数据表的创建，数据的添加、删除、修改、查询等。其中，execute() 方法在使用时，只需接收需要执行的 SQL 语句即可；executemany() 方法接收两个参数，第一个参数为 SQL 语句，第二个参数为元组类型元素组成的列表（[("Alex",18),("Egon",20)]），语法格式如下：

```
cursor.execute(sql)
cursor.executemany(sql,data)
```

下面使用 execute() 方法在 mysql 数据库中创建一个包含 id、name 和 age 三个字段的数据表 test，代码如下：

```
import pymysql
connection=pymysql.connect(host="localhost",user="root",password="123456",database="mysql", charset=
'utf8')
cursor=connection.cursor()
```

```
sql="""CREATE TABLE "test" ("id" int(11) NOT NULL AUTO_INCREMENT,"name" varchar(255) DEFAULT NULL, "age" int(11) DEFAULT NULL,PRIMARY KEY ("id")) ENGINE=InnoDB DEFAULT CHARSET=utf8;"""
print(cursor.execute(sql))
```

效果如图 8-25 所示。

```
0
```

图 8-25 创建数据表

（4）commit()。commit() 属于 connection 对象的方法之一，主要用于提交 execute() 方法包含的数据操作，通常在添加、修改、删除数据时使用。commit() 方法的语法格式如下：

```
connection.commit()
```

下面使用 commit() 方法使 executemany() 方法包含的数据添加操作生效，代码如下：

```
import pymysql
connection=pymysql.connect(host="localhost",user="root",password="123456",database="mysql", charset='utf8')
cursor=connection.cursor()
# 添加数据
sql="INSERT INTO test(name,age) VALUES (%s,%s);"
data=[("zhangsan",18),("lisi",20)]
cursor.executemany(sql,data)
# 提交执行
connection.commit()
```

效果如图 8-26 所示。

```
2
None
```

图 8-26 提交执行

（5）fetchall()。fetchall() 方法是 PyMySQL 提供的用于数据查询的方法，可以查询游标对象中包含的内容，并将数据以元组类型返回。其中，每个元素为一条数据，格式同样为元组类型。使用 fetchall() 时，不需要设置任何参数，但需要结合 SQL 查询语句，语法格式如下：

```
cursor.fetchall()
```

下面使用 fetchall() 方法查询数据库表 test 中包含的全部数据，代码如下：

```
import pymysql
connection=pymysql.connect(host="localhost",user="root",password="123456",database="mysql", charset='utf8')
cursor=connection.cursor()
sql="SELECT * FROM test;"
cursor.execute(sql)
results=cursor.fetchall()
print(results)
```

效果如图 8-27 所示。

```
((1, 'zhangsan', 18), (2, 'lisi', 20))
```

图 8-27 数据查询

（6）close()。close() 方法用于关闭 connect() 方法建立的数据库连接，在使用时需要结合 connection 对象使用，并且不需要任何参数，语法格式如下：

```
connection.close()
```

任务实施

通过上面的学习，我们掌握了 PyMySQL 模块的安装及使用，通过以下几个步骤，实现将任务 2 中提取的课程数据保存到 MySQL 数据库。

第一步：使用 connect() 方法连接 MySQL 中的 mysql 数据库，并通过 cursor() 方法创建一个游标对象，代码如下：

```
import pymysql
connection=pymysql.connect(host="localhost",user="root",password="123456",database="mysql", charset=
'utf8')
cursor=connection.cursor()
```

第二步：在 mysql 数据库中创建一个用于存储课程信息的表 course，代码如下：

```
sql="""CREATE TABLE "course" (
"id" int(11) NOT NULL AUTO_INCREMENT,
"Name" varchar(255) DEFAULT NULL,
"Stage" varchar(255) DEFAULT NULL,
"Num" int(11) DEFAULT NULL,
"Price" varchar(255) DEFAULT NULL,
 PRIMARY KEY ("id")
) ENGINE=InnoDB DEFAULT CHARSET=utf8;"""
cursor.execute(sql)
```

效果如图 8-28 所示。

```
0
```

图 8-28 使用数据库并创建表

第三步：修改任务 2 中数据提取代码，将获取到的课程数据存储到 MySQL 数据库中，代码如下：

```
# 遍历信息
for line in m_li:
  # 获取课程名称
  tag_title = r'<p class="title ellipsis2">(.*?)</p>'
  title = re.findall(tag_title, line, re.S | re.M)[0]

  # 获取课程阶段、报名人数
  tag_stage_num = r'<p class="one">(.*?)</p>'
  stage_num = re.findall(tag_stage_num, line, re.S | re.M)[0]
  stage=stage_num.split(" · ")[0]
```

```
    num=stage_num.split(" · ")[1][0:-3]

    # 获取课程价格
    tag_price = r'(<span class="l">|<span class="price l red bold">)(.*?)</span>'
    price = re.findall(tag_price, line, re.S | re.M)[0][1]
    if "¥" in price:
      price = price[1:]

  # 添加数据
  sql="INSERT INTO course(Name,Stage,Num,Price) VALUES ('"+title+"','"+stage+"','"+num+"','"+price+"')"
  cursor.execute(sql)
  # 提交执行
  connection.commit()
```

第四步：验证数据是否存储成功，使用 fetchall() 方法查询数据库表 course 中包含的全部数据，如果有数据，则说明数据存储成功，代码如下：

```
sql="SELECT * FROM course;"
cursor.execute(sql)
results=cursor.fetchall()
print(results)
```

效果如图 8-29 所示。

```
((1, '2021Android从零入门到实战(Kotlin版)', '零基础', 1280, '免费
'), (2, '趣味 C++ 进阶', '初阶', 1145, '免费'), (3, '墨刀快速入
门到精通', '零基础', 913, '免费'), (4, '探秘 MySQL 多版本并发控制
原理', '进阶', 1015, '免费'), (5, '人工智能--语音入门 ', '初阶',
2291, '免费'), (6, '2小时极速入门 TypeScript', '初阶', 7522, '
免费'), (7, '趣味 C++ 入门', '零基础', 5051, '免费'), (8, '直面
JavaScript中的30个疑难杂症', '进阶', 6017, '免费'), (9, '领略
Rust之美，挑战双高语言', '高阶', 2806, '免费'), (10, 'vue3.0实现
todolist', '进阶', 6755, '免费'), (11, '高性能 FastAPI 框架入门
精讲', '零基础', 2926, '免费'), (12, '数据中台之数据汇聚整合，消除
数据孤岛', '高阶', 2828, '免费'), (13, '元旦贺卡', '进阶', 4029,
 '免费'), (14, 'MyBatis-Plus + SpringBoot实现简单权限管理', '进
阶', 5841, '免费'), (15, 'Phaser从0到1实战微信2D小游戏【钢琴方块】
', '进阶', 3079, '免费'), (16, 'Linux速成班', '零基础', 13000,
'免费'), (17, 'Ajax实战案例之列表渲染', '零基础', 4276, '免费'),
```

图 8-29 查看数据库数据

数据存储

知识梳理与总结

通过对本项目的学习，完成网页的访问、数据的提取与存储，并在实现过程中了解 HTTP 的相关概念，熟悉 request 模块相关方法的使用，掌握 PyMySQL 模块的使用。

任务总体评价

通过学习本任务，看自己是否掌握了以下技能，在技能检测表中标出已掌握的技能。

评价标准	个人评价	小组评价	教师评价
（1）是否能够访问页面			
（2）是否能够提取数据			
（3）是否能够存储数据			

备注：A 为能做到；B 为基本能做到；C 为部分能做到；D 为基本做不到。

自主探究

1. 使用 re 模块匹配个人信息的数据格式。
2. 探究慕课网课程数据的采集和存储。

参考文献

[1] 埃里克·马瑟斯．Python 编程从入门到实践 [M]．2 版．袁国忠，译．北京：人民邮电出版社，2020.

[2] 刘鹏，曹骝，吴彩云，等．人工智能从小白到大神 [M]．北京：中国水利水电出版社，2021.

[3] 周元哲．Python 3 程序设计基础 [M]．北京：机械工业出版社，2021.

[4] 小甲鱼，李佳宇．零基础入门学习 Python[M]．2 版．北京：清华大学出版社，2019.

[5] CHUN Y W．Python 核心编程 [M]．3 版．孙波翔，李斌，李晗，译．北京：人民邮电出版社，2018.

[6] 崔庆才．Python 3 网络爬虫开发实战 [M]．北京：人民邮电出版社，2018.

[7] 未来科技．精通 Python（微课视频版）3.8 新版 [M]．北京：中国水利水电出版社，2021.

[8] 何华平．学 Python 不加班 轻松实现办公自动化 [M]．北京：人民邮电出版社，2021.

[9] 刘凡馨，夏帮贵．Python 3 基础教程 [M]．2 版．北京：人民邮电出版社，2020.

[10] 秦颖．Python 基础实例教程 [M]．北京：中国水利水电出版社，2019.

随手笔记